*Sven Ortoli, Nicolas Witkowski*

Die Badewanne des Archimedes

SERIE PIPER

## Zu diesem Buch

Wer glaubt, Archimedes habe das hydrostatische Prinzip in der Badewanne entdeckt, Newton das Gravitationsgesetz durch den berühmten Apfel erkannt und Kekulé die Benzolformel geträumt, der kann sich hier eines Besseren belehren lassen. Die beiden französischen Journalisten Sven Ortoli und Nicolas Witkowski gehen die berühmten Legenden der Wissenschaft ganz respektlos an: Sie haben eine Vielzahl von Geschichten und Mythen aus dem Poesiealbum der Forschung unter die Lupe genommen und auf ihren Wahrheitsgehalt untersucht. Ausgestattet mit feiner Ironie, totaler Skepsis gegenüber gängigen Klischees und mit viel Sinn fürs Paradoxe, zeigen sie, daß zwischen Wissenschaft und ihren Mythen kein Widerspruch bestehen muß.

*Sven Ortoli,* geboren 1953, studierte Physik und arbeitet als Journalist. Er ist Gründer von »Science & Vie junior«.
*Nicolas Witkowski*, geboren 1949, studierte Physik. Er arbeitet als Lehrer, Wissenschaftsjournalist und Herausgeber.

*Sven Ortoli, Nicolas Witkowski*

# Die Badewanne des Archimedes

## Berühmte Legenden aus der Wissenschaft

Aus dem Französischen von
Juliane Gräbener-Müller

Mit 25 Abbildungen

Piper München Zürich

Ungekürzte Taschenbuchausgabe
Februar 1999

Titel der französischen Originalausgabe:
»La baignoire d'Archimède«

Umschlag: Büro Hamburg
Simone Leitenberger, Susanne Schmitt, Annette Hartwig
Umschlagabbildung: Anis Reg
Fotos Umschlagrückseite: Gamma
Satz: Kösel, Kempten
Druck und Bindung: Clausen & Bosse, Leck
Printed in Germany ISBN 3-492-22745-7

# *Inhalt*

# *Die Zisterne Gottes*

Jeder weiß, daß Isaac Newton Äpfel anzog, daß Einstein die Zunge herausstreckte, Archimedes jubelnd aus seiner Badewanne sprang, Leonardo da Vinci ein Alleskönner war und die Forscher potentielle Zauberlehrlinge sind, die in den Tiefen ihrer Labors völlig neue Versionen von Frankenstein fabrizieren. Das ist schon alles, was man über die Wissenschaft wissen muß, zumal jedes wissenschaftliche – das heißt unverständliche – Ereignis sich auf die eine oder andere dieser klischeehaften Darstellungen zurückführen läßt. Von einem englischen Astrophysiker braucht man nicht mehr zu wissen, als daß er denselben Lehrstuhl innehat wie seinerzeit Isaac Newton und daß er die Arbeiten von Einstein fortführt; der reichste Mann der Welt hat, wie man hört, gerade eine wertvolle Handschrift des großen Leonardo erstanden; ein jüngst mit dem Nobelpreis geehrter Franzose wird uns als neuer Newton im Gedächtnis haften bleiben. Das versteht sich von selbst.

Die Idee, dieses maßgeschneiderte Pantheon genauer unter die Lupe zu nehmen, ist nachgerade bilderstürmerisch. Da muß einem schon jedes Gefühl für das Heilige abgehen – so wie jenem kleinen Jungen, der an der wunderkräftigen Quelle von Lourdes den Führer fragte: »Und wieviel Wasser faßt die Zisterne?« Mit genau der Frage sind wir an die wissenschaftlichen Mythen herangegangen: War Newtons Apfel ein Golden Delicious oder ein Granny Smith? Badete Archimedes in einer Badewanne von Jacob Delafon oder in einem einfachen Zuber? Und war Leonardo da Vinci in der Lage, eine Gleichung zweiten Grades zu lösen?

Unter den Mythologen von Rang haben sich nur sehr wenige mit den wissenschaftlichen Mythen beschäftigt. Roland Barthes hat ihnen eine berechtigte Existenz zuerkannt und einen von ihnen (Einsteins Gehirn) in seinen *Mythen des Alltags* meisterhaft dargestellt; Claude Lévi-Strauss bemerkt (in seiner Einführung zu *Die Luchsgeschichte),* daß uns die Welt der Wissenschaft nicht zugänglich ist, außer »auf dem Umweg über alte Denkweisen, die der Gelehrte für unseren Hausgebrauch wiedereinzusetzen einwilligt (und bedauerlicherweise manchmal auch für seinen eigenen)«. Unsere ambivalente Haltung gegenüber der Wissenschaft ist wirklich ein erstklassiger Humus, in dem dauerhafte Mythen gedeihen. Neben so berühmten Beispielen wie *Heureka!* und $E = mc^2$ arbeiten im Unbewußten des Laien wie des Wissenschaftlers noch viele andere um die Wette und sorgen dabei nachhaltig für den Fortbestand jahrhundertealter Ängste und Hoffnungen. Die in diesem Buch versammelten Mythen haben folglich nicht wir ausgewählt; vielmehr sind sie es, die uns ausgewählt haben. Wir wollten aus dieser Mythensammlung auch keine Typologie machen, denn wir sind der Meinung, daß all diese Geschichten mehr oder minder aus jener Enttäuschung herrühren, die der Drang nach absoluter Erkenntnis zwangsläufig erfahren muß und die sich in der Manie des Klassifizierens niederschlägt. Die gewählte Reihenfolge ist daher auch eine rein chronologische, an die der Leser sich aber keineswegs halten muß. Es ist für ihn sogar von Vorteil, wenn er von einem Thema zum nächsten – etwa von Kekulés Schlange zu Schrödingers Katze – springt und so beim Lesen die Entstehung des Buches nachvollzieht.

Jede Kultur hat ihre eigenen wissenschaftlichen Mythen: In den USA hätte Edison ebenso seinen festen Platz wie beispielsweise Alexander Fleming in England und wie viele andere in den Ländern außerhalb Westeuropas und der USA. Würde man sich dort ebenfalls dieser Aufgabe widmen, betrachtete man die arabische Wissenschaft nicht mehr nur als Mittlerin zwischen den Griechen und der modernen Wissenschaft, und die mathematische Tradition Indiens oder die chinesische Technologie würden wieder den ihnen von der westlichen Kultur so lange verwehrten wohlverdienten Platz in vorderster Reihe einnehmen. Zum anderen hat jede Epoche ihre besonderen Mythen. Wenn Bernard Palissy auch nicht mehr die Ehre zuteil wird, in den Geschichtsbüchern Erwähnung zu finden, und das fehlende Glied in der Kette heutzutage ebenso an Beachtung verliert wie das Perpetuum mobile, so halten sich Leonardo da Vinci, Einstein und die UFOs doch noch recht tapfer, während das Chaos mit seinem Schmetterlingseffekt oder auch die Schwarzen Löcher und der Big Bang unter großem Aufsehen Einzug in die Mythenszene gehalten haben. Schließlich verschwindet ein Mythos aber nur, um unter immer neuen Aspekten wieder aufzutauchen und unaufhörlich dieselbe Geschichte zu erzählen – vom Mensch und der Natur, vom Engel und dem Dämon, von Gott und dem Teufel.

Mythen, insbesondere die wissenschaftlichen, haben immer etwas Dualistisches. Die Mythologisierung des Dialogs zwischen Mensch und Natur schwankt, wie wir sehen werden, beständig zwischen zwei Polen, die zwar ihren Namen, nicht aber ihr Wesen ändern. Der (Maxwellsche) Dämon steht Gott *(Es werde Newton, und alles wurde ans Licht gebracht.*[1]*)* oder dem Propheten (Mendelejew) gegenüber, das Schmieröl (das der Maschinen und der Technik, oder der »Rohstoff« der Alchimisten) der Reinheit der

1. Alexander Pope, zit. nach Ernst Peter Fischer, *Aristoteles, Einstein & Co.*, München 1995, S.157.

Mathematik, der Körper dem Geist, das Chaos dem Determinismus. Jeder Big Bang verlangt nach seinem Schwarzen Loch und jede Zauberformel nach ihrer Atombombe. Zwischen diesen zwei Extremen tut sich die Bruchlinie des Zweifels, der Unsicherheit auf, die wir ganz offensichtlich nicht mit der Wissenschaft in Verbindung bringen wollen.

Barthes hat es bereits betont: Auf den Mythologen lauern viele Gefahren. Ein Mythos läßt sich nicht werten, da seine bloße Existenz den Beweis für seinen Nutzen liefert. Dennoch münden viele Entmythologisierungsversuche in ebenso entschiedene wie sinnlose Beurteilungen und verwandeln sich unmerklich in eine Psychoanalyse des kollektiven Unbewußten oder gar in einen Prozeß gegen die Leichtgläubigkeit und Bildungsfeindlichkeit des Laienpublikums – wobei einfach außer acht gelassen wird, daß die wissenschaftlichen Mythen ihre Legitimität vor allem aus dem (wissenschaftlichen) Milieu beziehen, das sie hervorgebracht hat.

Darum herrscht auch der verbreitete Glaube, Mythen entstünden gewissermaßen aus Trotz: Trotz darüber, daß die Erkenntnis fehlt, daß man sich vom Fortschritt der Ideen ausgeschlossen fühlt und daß man aus Mangel am nötigen mathematischen Rüstzeug keinen Zugang zur beeindruckenden Schönheit der großen Theorien hat. Und diese kleine, völlig normale Verzweiflung sollte sich nun in einem regelrechten Diebstahl niederschlagen, dem Diebstahl eines Bildes, eines Wortes, eines Apfels oder eines »Alles ist relativ« – und das Diebesgut sogleich dem eigenen Zweck angepaßt und seiner ursprünglichen Bedeutung beraubt werden. Dieses moralisierende Vorgehen schreit nach einem anderen Ansatz, der sich eher mit dem Aufkommen und der Ausbreitung der wissenschaftlichen Mythen befaßt. Und diese Rückkehr zu den Wurzeln beginnt natürlich mit der Rückkehr zu den Grundlagentexten.

## *Fromme Lügen*

Neben den einzelnen Charakteren, Stilen und Epochen fällt einem als erstes die sonderbare Verwandtschaft zwischen diesen Schöpfungsberichten auf. Zumeist sind es heidnische Versionen der Genesis, in denen es von Äpfeln und Schlangen nur so wimmelt, oder Vettern der alten Prometheussage, in denen unerschrockene Menschenwesen den Göttern die heilige Flamme der Erkenntnis zu entreißen suchen. Der Mathematiker Laurent Schwartz liefert mit dem Beweis eines Lehrsatzes ein schönes Beispiel für biblischen Stil:

> »Jeden Abend [...] glaubte ich, ihn bewiesen zu haben, und beim Erwachen sah ich augenblicklich den Irrtum in den Ergebnissen des Vortags. Am siebten Tag stürzten die Mauern ein.«

Unzählige Beispiele ereigneten sich nach dem Vorbild der Prometheussage, angefangen bei Gauß (»Wie durch eine jähe Erleuchtung war das Rätsel gelöst.«) bis hin zu dem Physiker Tesla (»Der Gedanke kam mir blitzartig, und im Handumdrehen enthüllte sich mir die Wahrheit.«), über Roland Moreno, den Erfinder der Chipkarte, der zugibt, die Idee sei ihm gekommen, »während ich mir eines Morgens nach dem Aufwachen einen Joint anzündete«, und den englischen Mathematiker Christopher Zeeman: »... Später in dieser Nacht – ich gebe es zu (*I confess*) – setzte ich mich auf die Toilette. Und just in dem Augenblick traf mich der Geistesblitz wie eine Bombe.«

Der geniale Geistesblitz hat nämlich die deutliche Tendenz, an den erstaunlichsten Orten aufzutreten, nur nie in einem Labor, aber um so häufiger in öffentlichen Verkehrsmitteln, was durchaus Symbolcharakter hat, da Genie in erster Linie eine individuelle Angelegenheit ist. Poincaré macht diese Erfahrung zunächst »beim Überschreiten der Fahrbahn«, dann in dem Moment, als er den Fuß aufs Trittbrett (des Omnibusses) setzt; auch dem Chemiker Kekulé, dem die Benzolformel in einem Londoner Omnibus einfiel, hatte dieses Verkehrsmittel schon Glück gebracht.

Bei näherem Hinsehen wundert man sich über die Fülle an Details, die diese Berichte umgibt. Poincaré präzisiert, er habe gerade, ganz gegen seine Gewohnheit, einen schwarzen Kaffee getrunken, und Kekulé gibt an, er habe sich auf der oberen Etage des letzten Busses der Linie Islington–Clapham befunden, so als wollte er Ort und Zeit des gewaltigen Blitzes, der ihn in Kontakt mit dem Jenseits brachte, ganz genau in das Raum-Zeit-Kontinuum einordnen. All das ist etwas zu präzise und riecht nach geschickter Rekonstruktion. Prüft man nach, zu welchem Zeitpunkt unsere großen Denker die Erinnerung überkam, zeigt sich in der Tat, daß zwischen ihren Entdeckungen und ihren Berichten darüber oft mehrere Jahrzehnte vergingen. Poincaré und Gauß veröffentlichen ihre Errungenschaften erst gegen Ende ihres Lebens, Tesla erläutert seine Erfindung 42 Jahre später, und Kekulé erwähnt den Omnibus erst nach 35 Jahren auf einem Fest zu seinen Ehren. Newton hat wahrscheinlich erst 1726, ein Jahr vor seinem Tod, als 84jähriger von einem Apfel gesprochen. Nach Aussage seines Biographen Richard Westfall »gefährdet das Datum nicht die Annahme des Vorfalls [mit dem Apfel], eines konkreten Ereignisses, an das man sich gerne erinnert. Im übrigen läßt aber Newtons Alter die Erinnerung, die er an die damals gezogenen Schlüsse haben sollte, leicht suspekt erscheinen, zumal aus seinen eigenen Aufzeichnungen nicht dieselbe Geschichte hervorgeht«. Dazu lieferte der große Mathematiker Carl Friedrich Gauß einen wertvollen Hinweis: Man dürfe einer Entdeckung, wenn man sie bekannt mache, wie einem vollendeten Bauwerk das Gerüst nicht mehr ansehen.

Die meisten dieser wunderbaren Schöpfungsberichte stammen also, wie es sich gehört, von schmucken Greisen mit weißen Bärten, die einen letzten gerührten Blick auf ihre Vergangenheit werfen. Wen wundert es, daß mit diesem Abstand die Blitze leuchtender, die Feuer glühender und die Einzelheiten zu neuem Leben erweckt oder gleich ganz und gar erfunden werden? »Der Mythos«, schrieb Roland Barthes, »ist eine *exzessiv* gerechtfertigte Aussage« *(Mythen des Alltags)*, und der Spruch »Wer weit gereist ist, kann viel lügen« paßt sehr gut zu den großen Schöpfungsberichten, in denen Genieblitze aufzucken, die flüchtig den langen Marsch des wissenschaftlichen Fortschritts erhellen. Solche Lügen sind im übrigen nur halbe Lügen, denn die gewöhnlichen Sterblichen warten gierig darauf.

## *Heiligsprechung des Alltäglichen*

Wir sind davon überzeugt, daß Erkenntnis, da sie von Grund auf anders ist, sich nur offenbaren kann und daß die Erfindung sehr oft ein neuer Blick auf altbekannte Objekte und Begriffe ist. Weil man aber die näheren Umstände der neuen Theorie nicht versteht, begnügt man sich damit – so wie Autogrammjäger, wie Rocker, die andächtig Fetzen von Johnny Hallidays Jacke sammeln, oder wie Kinder, die in einer Schublade ihren Schatz aus kaputten Sprungfedern, Zahnrädern und Schnüren aufbewahren –, den Kontext, das Beiwerk zu erfassen, um sie als heilige Reliquie im persönlichen kleinen Museum aufzustellen. So kann man sich sparen, mehr darüber zu wissen; mit einem Talisman schützt man sich vor den metaphysischen Qualen, die auf uns lauern. Und bei dieser Gelegenheit erhebt man Badewannen,

Äpfel und mathematische Formeln zu Medien einer offenbarten Wahrheit, die, ähnlich den Objekten, die sich die Könige der Antike in ihre Gräber beigeben ließen, mit Sicherheit auf ein Begräbnis erster Klasse hinweisen: die volkstümliche Heiligsprechung eines großen Mannes oder eines neuen Konzepts.

Ist das nun ein Akt der Grausamkeit oder Ausdruck einer beißenden und zugleich ergötzlichen Ironie, die weiß, wie vergänglich die Theorien der Menschen sind und wie sie dahingleiten, ohne je wirklich an einer unerschütterlichen Realität, deren wahren Kern wir nie erfassen werden, hängenzubleiben? Denn wenn Gott sich auch manchmal dazu herabläßt, in irgendeinem verdienstvollen Gehirn einen Funken – ein verblüffendes $E = mc^2$ – zu zünden, so erstickt er ihn doch bald wieder und setzt seinem Wirken enge Grenzen. Wahrscheinlich muß man auch die wissenschaftlichen Mythen als Ausdruck einer Gewißheit sehen: nämlich daß das Glück nicht in der objektiven und entweihten Betrachtung der Natur liegt und wir die großen Entdeckungen nicht dem Wissenschaftsapparat zu verdanken haben, sondern Individuen wie Ihnen und mir, die mit ganz gewöhnlichen Mitteln in einen *einfühlsamen* Dialog mit der Natur treten und zur Beschreibung der Komplexität eine geeignetere Sprache als die des Alltags finden. Denn die große Entdeckung, die ahnten alle voraus, jedem lag sie schon auf der Zunge. *Ich dachte mir ja,* daß alles relativ ist, daß der hydrostatische Auftrieb …, daß der gekrümmte Raum … Mir fehlte nur die angemessene Ausdrucksweise. Und wenn es sich als unmöglich erweist, einfach nur das Neue, wie etwa Einsteins Theorien, zu formulieren, besteht die einzige Lösung darin, seine Zauberformel zu mythologisieren und dabei den Hauptakzent auf die »menschliche« Seite der Person zu legen: Einstein war ein schlechter Schüler!

Diese Heiligsprechung des Alltäglichen ist vielleicht ein Schlüssel zur Weisheit: Pflegen Sie Ihren Garten, leben Sie in der Gegenwart, betrachten Sie die Äpfel mit neuen Augen und vertrauen Sie auf den Geist der Badewannen! Der Mythos ist dazu da, als Bindeglied zwischen der Wissenschaft und den gewöhnlichen (mitsamt den wissenschaftlichen) Sterblichen, zwischen dem Unverständlichen und dem Alltäglichen, dem Magischen und dem Gemeinen zu dienen. Dieses mythische Bindeglied ist zwar selbst nicht zu beschreiben, doch läßt sich seine Anwesenheit anhand einer guten alten Dualität aufzeigen: Danach muß der mythische Gelehrte eine Doppelnatur besitzen, schizophren, zum Besten wie zum Schlimmsten fähig sein. Gleich einem Verbrennungsmotor funktioniert der Mythos nur, wenn er sich aus zwei Quellen nährt, einer heißen (guten) und einer kalten (schlechten) – und je höher der Temperaturunterschied, um so stärker seine Wirkung.

Ein anderer Apparat, das Radiometer von William Crookes, ein kleines Drehkreuz mit vier Flügeln, das sich – ohne die Hilfe eines Motors – in den Auslagen der Nippesläden dreht, veranschaulicht noch besser das Funktionieren des wissenschaftlichen Mythos: Sein Geheimnis beruht darauf, daß jedes seiner Flügelchen eine dunkle und eine helle Seite hat. Sobald Licht in den Apparat fällt, ist er nicht mehr anzuhalten. Das bedeutet also, daß der hier unternommene bescheidene Versuch einer Entmythologisierung, der sich als schlaglichtartige Darstellung der hartnäckigsten Mythen der Wissenschaft zusammenfassen läßt, nur den Effekt haben wird, daß die Flügel der Lichtmühle sich noch schneller drehen: Man braucht einen Mythos nur zu erwähnen – und sei es auch in der Absicht, ihn Stück für Stück auseinanderzunehmen –, schon hat man ihm neuen Schwung verliehen...

*Crookes* Radiometer enthält in einem Glaskolben eine kleine Mühle, deren vier Flügel jeweils eine schwarze und eine weiße Seite aufweisen – sobald die Mühle angestrahlt wird, beginnt sie sich zu drehen. Sir William Crookes (1832–1919) erfand sie aus einem ganz bestimmten Grund: Er wollte die »psychische Kraft« eines Mediums, seines Freundes Daniel Dunglas Home, messen, der frei im Raum schweben, Waagen beeinflussen und Akkordeon spielen konnte, ohne auf die Tasten zu drücken. Zwar erwies sich das Radiometer medialen Wellen gegenüber als ziemlich unempfindlich, brachte Crookes aber auf manch andere Entdeckung, darunter eine Gasentladungsröhre und einen der ersten Strahlendetektoren der Geschichte. Dieser Apparat, eine Verbindung zwischen der Psychokinese und der Atomphysik, ist das ideale Symbol für den wissenschaftlichen Mythos.

# *Die Badewanne des Archimedes*

Splitterfasernackt und pudelnaß stürzt Archimedes die Hauptstraße von Syrakus hinunter und brüllt (dorisch): »*Heureka*!« – »Ich habe (es) gefunden!« Die unbeabsichtigten Überschwemmungen beim Baden haben ihn aus seiner Wanne getrieben. Wie heute jeder weiß, hat der große Mann soeben das berühmte Archimedische Prinzip entdeckt, das Generationen von Schülern im Sprechchor herunterstottern werden: Der hydrostatische Auftrieb eines Körpers ist gleich dem Gewicht der von ihm verdrängten Flüssigkeitsmenge …

Glückliche Zeiten, als man die Physik noch in seiner Badewanne betreiben konnte! Man stelle sich nur die Gesichter der Genfer Polizisten vor, wenn die vierhundert Unterzeichner der Entdeckung eines neuen Teilchens mit dem Ausruf »*We've got it*!« nackt aus dem Schwimmbad beim CERN[1] herausströmten! Aber das war natürlich ein anderes Zeitalter und außerdem eine andere Geschichte. Obwohl über den großen Mathematiker viele Geschichten kursieren, weiß man herzlich wenig über sein Leben.

Um 287 v. Chr. in Syrakus geboren, stirbt er dort im Jahr 212. Die Zeit dazwischen liegt mehr oder weniger im dunkeln. Alles, was über sein privates wie öffentliches Leben bekannt ist, stammt aus zwei Quellen. Die erste, die über jeden Zweifel erhaben ist, besteht aus seinen eigenen

1. Das europäische Laboratorium für Teilchenphysik in Genf.

Dieser Mann wird nackt aus seinem Badewannenlabor springen und *Heureka!* brüllend durch die Straßen laufen. Ein grundlegendes Bild der Wissenschaft und des Gelehrten in seiner einfachsten Versuchsvorrichtung.
*Quelle*: Stich von W. H. Ryff. Bibliothèque nationale de France, Paris © BNF, Paris

Schriften oder sagen wir aus dem, was davon noch übrig ist: insgesamt zehn Abhandlungen, die uns so recht und schlecht überliefert sind und deren Gedankengänge oft erst im siebten und achten Jahrhundert n. Chr. Beachtung fanden. Eine wahre Goldgrube für Mathematiker und Physiker, die darin neben anderen Goldklumpen die Grundlagen der rationalen Mechanik und eine Methode zur Berechnung der Kreisfläche entdecken werden, die zu den ersten Integrationen in der Geschichte der Mathematik führten. Wenig Erhellendes gibt es dagegen über den Alltag des Mannes. Hatte er eine Frau, Kinder, Hobbys? Man erfährt gerade noch, auf dem Umweg über eine Beweisführung, daß sein Vater Phidias Astronom ist. Man findet heraus, daß er der Berater, der Freund, vielleicht ein Verwandter des Tyrannen von Syrakus, Hieron II., ist. Wahrscheinlich ist er nach Ägypten gereist und hat im schönen Alexandria gelebt.

Ansonsten ist nichts gesichert, trotz all der Geschichten in den Schriften jener griechischen und römischen Kommentatoren, die sich mit seinem Leben beschäftigen werden. Diese Geschichten, die sich alle auf wissenschaftliche Tatsachen beziehen, bilden unsere zweite Informationsquelle über Archimedes und beliefern den Tante-Emma-Laden seiner Legende.

Eines Tages, so berichtet der Philosoph Proklos (5. Jh. n. Chr.), fordert er Hieron in überheblichem Ton auf: »Gib mir einen Punkt, wo ich stehen kann, und ich werde die Erde in Bewegung setzen!« Anlaß war der Stapellauf der *Syrakusia*, eines für die damalige Zeit gigantischen (über 50 Meter langen) Dreimasters, dessen Konstruktion Archimedes überwacht hatte. Dem lateinischen Kommentator zufolge organisiert er im Hafen eine regelrechte *Show*. Vor den Augen eines verblüfften Publikums setzt sich das bis zum Schandeck beladene Schiff, das seine gesamte Besatzung an Bord hat, kraft eines Systems von Flaschenzügen, das Archimedes selbst betätigt, auf dem Trockenen in Bewegung. Welch offenkundige Widerlegung jener entschiedenen Behauptung des großen Aristoteles, nach der die Kraft unterhalb eines bestimmten Grenzwertes unwirksam ist! Als Beweis dafür hatte er angeführt, daß es einem Menschen allein unmöglich sei, ein Schiff zu bewegen, das normalerweise von einer ganzen Treidlermannschaft gezogen würde. Wer wollte im übrigen daran zweifeln, daß ein Kind lediglich durch die Kraft eines Übersetzungssystems eine Lokomotive von der Stelle bewegen kann? Dem fiktiven Experiment der großen wissenschaftlichen Autorität des vorangegangenen Jahrhunderts setzt Archimedes einen tatsächlichen Beweis entgegen und dreht dem gesunden Menschenverstand eine lange Nase. Erste Geschichte, erste Lektion: Entgegen dem äußeren Eindruck ist Archimedes nicht verrückt; dank der Wissenschaft kann er die Welt beherrschen. Dieser Gedanke hat sich seither allmählich durchgesetzt.

In einer nicht minder berühmten Geschichte berichtet Vitruvius (1. Jh. n. Chr.), wie unser Held eines Tages den Goldschmied verblüffte, der dem König Hieron in unehrlicher Absicht eine mit Silber legierte Goldkrone verkauft hatte. Der argwöhnische Monarch, erzählt der römische Architekt, wollte von Archimedes wissen, wie man den Betrüger entlarven könne. Während Archimedes in seiner Badewanne darüber nachdenkt, ruft er »*Heureka*!«, entdeckt das hydrostatische Prinzip und findet eben darin auch die Antwort auf die Frage des Königs. In eine randvolle Wanne, so Vitruvius, taucht er eine Einheit Silber, dann eine Einheit Gold, jeweils vom selben Gewicht wie die Krone. Beide Male mißt er die Menge des übergelaufenen Wassers, taucht schließlich die berühmte Krone selbst ein und stellt fest, daß die aufgefangene Wassermenge zwischen den beiden anderen Mengen liegt. Entlarvung des Diebes und Triumph der wissenschaftlichen Wahrheit!

In Wirklichkeit lehrt uns das aus Archimedes' Badewanne übergeschwappte Wasser nichts über den berühmten Auftrieb, denn die von Vitruvius beschriebene Methode ist rein volumetrischer Natur. Das ist im übrigen nur ein Detail, denn in dieser Geschichte kommt es auf den Ausruf an. Wie der Bericht des Proklus uns die Umrisse eines leicht größenwahnsinnigen, aber sehr tüchtigen Gelehrten aufzeigt, so konzentriert sich der zweite im wesentlichen auf einen entscheidenden Ausruf. Eine Zauberformel, die sofort verrät, worum es geht: Wissenschaft, das ist genial und einfach! Genau das bedeutet das »Eureka« des europäischen Forschungs- und Technologieprogramms oder der wissenschaftlichen Rubriken und Monatszeitschriften.

Übrigens ist es weniger ein Geniestreich als ein Bindestrich, der uns dem fernen Archimedes näherbringt. Beim Lösen eines Rätsels oder bei der Suche nach der Ursache für eine Autopanne kann jeder wie ein Hahn im Hühnerhof sein *Heureka* krähen. Unmengen von kleinen *Heureka*s können auf der Welt gackern und, so wie das Ewige Licht auf die Anwesenheit des heiligen Sakraments hinweist, zum Ausdruck bringen, daß hier die Wissenschaft wacht; um mit Picasso zu sprechen, dessen Formulierung man zu Unrecht auf die Wissenschaft gemünzt glaubte: »Ich suche nicht, ich finde.« *Heureka* ist ein Kürzel, das mit einem einzigen Wort wie mit einem Tarnmantel die Vielschichtigkeit der technischen Wissenschaften zudeckt. Während die technologischen Alltagsprodukte vom PC bis zum Fax immer einfacher zu handhaben sind, wird ihre Konstruktion immer undurchschaubarer. Die Kluft zwischen der Wissenschaft und uns wird breiter, aber *Heureka* beruhigt uns. Spezifikum des einsamen Forschers, dieses letzten Sinnbilds einer vergangenen Epoche, erzählt es uns von einer Zeit, an die wir so gerne glauben würden, daß selbst die eifrigsten Diener der Technologie, für die sprichwörtlich »alles, was möglich ist, auch getan werden muß«, augenblicklich ihren kritischen Verstand ausschalten. Wie jene Polytechniker des Atomserails glauben sie bereitwillig, ein italienischer Autodidakt habe in völliger Abgeschiedenheit die Vorrichtung erfunden, mit deren Hilfe Flugzeuge Treibstoff ansaugen können.

Zweite Geschichte, zweite Lektion. *Heureka?* Das ist die ursprüngliche Version jenes »Na klar, das ist es!«, das immer 23 Jahrhunderte später ertönt, weil es in seiner Einfachheit, seiner Nacktheit genau die Vorstellung heraufbeschwört, die wir uns von wissenschaftlichen Entdeckungen machen: Dem Aufblitzen der Intuition folgt die Wucht der Freude. Eine solche Wucht, daß der Gelehrte in seiner Zerstreutheit nackt aus seinem Labor stürzt – als wäre die Befreiung des Körpers der Preis für den Zutritt zum Wissen. Der Gedanke ist geblieben, unumstößlich: Durch amyotrophische Sklerose an den Rollstuhl gefesselt, mit einem siechen Körper, aber einem wachen Blick, diese Ikone ist uns vertraut; das ist der (nahezu) reine Geist des Astrophysikers Stephen Hawking. In England ist er allgegenwärtig, sogar in einer Werbung für eine »kurze Geschichte der Telekommunikation«. In Frankreich etwas weniger, aber immer noch so präsent, daß seit Erscheinen seines Buchs *Eine kurze Geschichte der Zeit* jeder weiß, daß er Inhaber des Newton-Lehrstuhls an der Universität Cambridge und Experte für Schwarze Löcher ist. Wer könnte besser als er die (mythische) Vorstellung symbolisieren, daß das Wissen seinen Tribut fordert und folglich jenen Respekt gebührt, die ihn zahlen?

Ein Respekt, in dem sich Bewunderung mit Angst mischt, denn das Erbe des Archimedes ist gewaltig und hat uns ein eher beunruhigendes Bild des Gelehrten hinterlassen. Das Crescendo der apokryphen Geschichten erreicht nämlich seinen Höhepunkt in der Belagerung von Syrakus. Um 214 wird der sizilianische Stadtstaat, die letzte unabhängige griechische Macht, von den Legionen des Konsuls Marcellus belagert. Die Stadt spielt Karthago gegen Rom aus und verliert dabei ihre Freiheit. Die Belagerung dauert dreißig Monate, in deren Verlauf, so berichten Plutarch, Polybios oder Titus Livius, die römischen Angriffe mit Hilfe schrecklicher Maschinen, die Archimedes erfunden hat, abgewehrt werden: Katapulte, mit denen schwere Steinblöcke auf die Schiffe vor der Küste von Achradina geschleudert werden können, Skorpiongeschütze zum Abschießen von Lanzen über kurze Entfernungen, Kräne, die die Schiffe vor den Festungsmauern packen können, bis hin zu den berühmten Brennspiegeln, die Segel und Rumpf der Galeeren in Brand setzen. Sieht man einmal von letzteren, für die damalige Zeit technisch schwer zu realisierenden Kriegsgeräten ab (selbst die Ingenieure von Ex-Präsident Reagans »Krieg-der-Sterne«-Projekt mußten einsehen, daß es durchaus kein leichtes ist, einen Spiegel auf ein bewegliches Ziel zu richten), kann man davon ausgehen, daß Archimedes seine technischen Fähigkeiten in den Dienst der Stadt gestellt hat: zunächst, indem er die Mauern und Befestigungsanlagen von Euryalos verstärkt, und dann mit der Perfektionierung von Kriegsmaschinen, die schon seit über einem Jahrhundert im Mittelmeerraum verbreitet sind. Die Belagerung endet im Herbst 212, als einige der Belagerten überlaufen und der Armee des Marcellus eine Bresche schlagen. Beim Sturm auf die Stadt wird Archimedes, wie Plutarch berichtet, von einem römischen Soldaten erschlagen, dem er verboten hat, die Figuren im Sand seines Abakus zu zerstören...

Soviel zur Legende. In Wirklichkeit ist der Fall von Syrakus, der mächtigsten befestigten Stadt des Mittelmeerraums, eher auf interne Auseinandersetzungen zwischen Anhängern der Karthager und der Römer als auf einen punktuellen Verrat zurückzuführen. Die Eroberung verlief besonders barbarisch: Plünderungen und Massaker nahmen solche Formen an, daß der römische Senat dem Feldherrn Marcellus, der sich wahrscheinlich mehr für die Reichtümer der Stadt als für einen ihm womöglich völlig unbekannten Mathematiker[1] interessierte, den Triumph verweigerte.

»Der Bericht des Plutarch« schreibt der Historiker Michel Authier in *Elemente einer Geschichte der Wissenschaften*, »erläutert den Kanon des Gelehrten.« »Kanon« ist nur eine gelinde Bezeichnung, erklärt sich Archimedes doch, wenn der König ihn darum bittet, bereit, die ganze Macht der Wissenschaft zu entfesseln. Nebenbei bemerkt läßt ihn das völlig kalt. Im Bericht über seinen Tod deutet alles darauf hin, daß dieses Wettrüsten ihm ebenso gleichgültig ist wie das Schicksal der Stadt. Die verschiedenen Versionen vom Ende des Archimedes zeigen, daß ihn nur eine einzige Sache beschäftigt: seine Ideen. Natürlich ist er nicht unsterblich, aber er hat es geschafft, die römischen Legionen in Schach zu halten. Nur der Verrat konnte ihn besiegen und die Unwissenheit ihn töten.

1. Der aber heute niemandem unbekannt ist. Denn Archimedes hat die Jahrhunderte durchschritten, ohne je an Berühmtheit zu verlieren. Authier verweist auf das 17. Jahrhundert, als Pascal in seiner Betrachtung über die drei Ordnungen nur zwei Persönlichkeiten hervorhebt: Jesus Christus und Archimedes. Auguste Comte benennt in seinem positivistischen Kalender den vierten Monat, der dem Kult der antiken Wissenschaft gewidmet ist, nach Archimedes, dem einzigen Gelehrten unter so illustren Namen wie Moses, Homer oder Cäsar.

Dritte Geschichte, dritte Lektion: Der Gelehrte, der sich ganz der Suche nach der Wahrheit verschrieben hat, kümmert sich wenig um moralische Überlegungen. Er hält sich aus dem Tagesgeschehen heraus, ist gewissermaßen jenseits von Gut und Böse. Hier begegnen wir noch einmal der Vorstellung, daß die Wahrheit, zwangsläufig eine wissenschaftliche, von den Menschen unabhängig ist: »Die Wissenschaft hat keine Moral. Die Natur kennt kein ethisches Prinzip.« Diese beunruhigenden Worte, von Peter Duesberg, einem Mitglied der amerikanischen Akadamie der Wissenschaften, vermutlich in unschuldigem Eifer ausgesprochen, zeichnen auf der einen Seite der Medaille sehr deutlich ein durch und durch treuhänderisches Gesicht des Gelehrten. Und da jedes mystische Bild nach seiner Umkehrung verlangt, sähe man auf der Kehrseite das des Gelehrten, der sich um das Wohl der Menschheit sorgt. Pasteur gegen Archimedes: Der alte Streit über Mittel und Zweck der Wissenschaft flammt immer wieder auf.

Drei Geschichten, drei Lektionen, ein einziger Gedanke: Ob sie den Gelehrten erleuchtet oder er sie entfesselt, die Wissenschaft ist der Blitz. Aus diesem Grund heißt unser erster und ältester Held der Wissenschaft Archimedes und nicht Euklid oder Pythagoras, die beide nicht ein Hundertstel seines Bekanntheitsgrades besitzen, obwohl sie nicht weniger anerkennenswert sind als er. Das liegt daran, daß in dieser Galerie, die im Laufe der Jahrhunderte entstanden ist, das Porträt des Archimedes genau die Elemente enthält, die es ermöglichen, die Wissenschaft in ihrer ganzen Macht zu verherrlichen.

# *Leonardos Tagebücher*

Der Wochenzeitung *Time* zufolge heißt der Herr der Welt Bill Gates, und über seinem Zahlenreich geht die Sonne nie unter. Für einige Millionen Dollar hat der Software-König sich ein Symbol geleistet: ein Heft mit Skizzen aus der Hand eines Meisters. *Des* Meisters natürlich. Des Mannes, der *La Gioconda* gemalt hat und dessen scharfes Auge, wie man sagt, über den Horizont seines Jahrhunderts hinausblickte, um die Entwürfe von Maschinen, die erst fünf Jahrhunderte nach seinem Tod Wirklichkeit werden sollten, aus der Zukunft zurückzuholen. Da Vinci, Leonardo, 1452 bis 1519, unvergleichlicher Maler, kühner Bildhauer, genialer Erfinder, großartiger Ingenieur, Prophet neuer Zeitalter – da haben wir eines der außergewöhnlichsten Kinder des Menschengeschlechts: l'*uomo universale*.

Das jedenfalls behält man, wenn man alles vergessen hat. Wer Maxwell für eine Kaffeemarke und Gay-Lussac für einen anglophilen Homosexuellen hält, kennt und identifiziert Leonardo da Vinci als den Erfinder schlechthin. Ist das aber ein naturgetreues Porträt? Man beleidigt den göttlichen Leonardo nicht, wenn man den Zug etwas gewagt findet. Genial? Ganz sicher. Universal? Sagen wir mal, er ist buchstäblich ein Künstler: In seiner Heimat Florenz gehören Maler und Maurer, Gießer und Bildhauer, Ingenieure und Goldschmiede derselben Zunft, der Künstlergilde, an.

Handwerker oder Künstler, diese Unterscheidung gibt es zur damaligen Zeit gar nicht, und da Vinci wird das eine ebenso wie das andere sein. Das eine wohl mehr als das

Bildnis eines Magiers in Helldunkel.

Leonardo da Vinci, *Selbstbildnis*, Uffizien, Florenz.

andere, da ja die Technologie die große Leidenschaft des Mannes ist, der am Hof des Herzogs Lodovico Sforza von Mailand den Titel *Ingeniarius et Pictor*, am florentinischen Hof von Cesare Borgia den eines *Architecto ea Ingegnere generale* und bei Ludwig XII. den eines *Paintre et Ingénieur ordinaire* tragen wird. Denn der Schöpfer der *Mona Lisa* hat sehr wenig gemalt; uns bleiben nur etwa zehn Werke, deren Urheberschaft eindeutig ist. Darüber wunderten sich sogar seine Zeitgenossen: Wie konnte er mit einem so bemerkenswerten Talent derartig geizen?

Er hatte sich einfach anderen Dingen verschrieben. In der Mathematik, die er bedingungslos – und ohne große Begabung – bewundert, in der Mechanik, wo er glänzt, wenn das zu lösende Problem mit einer praktischen Frage verbunden ist, in der Anatomie, wo sein scharfes Auge und sein feiner Zeichenstrich Wunder vollbringen, vor allem aber in der Technik, wo seine Neugier, seine Vorstellungskraft, seine Freude an der großen Baukunst und den Maschinen, die er ständig verbessern will, zum Ausdruck kommen: Angefangen bei den Festungsanlangen von Piombino über das Kanalsystem der Romagna, die lombardischen Mühlen, die Webmaschinen und den Entwurf einer Dampfturbine bis hin zu dem Plan für einen Hinterlader – Leonardos Geist ist unersättlich.

Seine Inspiration findet er in seiner unmittelbaren Umgebung, bei den Glockengießern, Uhrmachern oder Glasbläsern seines Viertels, aber auch in den Berichten von Reisenden, die hier eine Windmühle und dort eine Spiegelschleifscheibe gesehen haben, und schließlich in den wissenschaftlichen Schriften des Mittelalters, in denen er ein Prinzip der Optik ebenso entdeckt wie das eines Kettengetriebes. Insgesamt ist es eine unvergleichliche Fülle von Ideen und Errungenschaften, die er gewissenhaft in seinen

Aufzeichnungen festhalten wird. Ihre Analyse zeigt, so der Mathematikhistoriker Charles Truesdell, daß er zwar überwältigende Eingebungen haben konnte, »man ihm in der Wissenschaft aber keine bedeutende Entdeckung zuschreiben kann«. Filippo Arredi, ein anderer Kenner seines Werkes, wird sagen, sein wissenschaftliches Genie sei »zuverlässiger in der Beobachtung als in der Synthese, sicherer in der Intuition als in der Deduktion«. Im Bereich der Technik übernimmt er oft die Ideen seiner Vorgänger[1] Taccola oder Francesco di Giorgio, manchmal verbessert er sie auch. Seine Kultur ist sehr umfassend, aber weit von der entfernt, die der Humanismus für den »homo universalis« verlangt, denn er beherrscht weder die gesprochene noch die geschriebene lateinische Sprache mit der geforderten Geläufigkeit, weiß nur wenig von den antiken Philosophen und begibt sich erst spät an die Geometrie. Letztlich, so der Historiker Carlo Maccagni, ist er »der Mann von mittlerer Kultur, zwischen dem Gebildeten und dem Ungebildeten«.

Man muß schon selber reich sein, damit einem jemand Geld leiht. Als seine weit verstreuten Tagebücher einem Puzzle gleich Ende des 19. Jahrhunderts gefunden werden, feiert die begeisterte Öffentlichkeit einen Traum, einen Traum, der in dem herrlichen Turiner Selbstbildnis, einer Rötelzeichnung aus dem Jahr 1512, Gestalt annimmt. Mit dichtem Bart und langem Haar, obwohl er kein einziges mehr auf dem Kopf hat und eine solche Mähne zu der Zeit gar nicht in Mode ist, verleiht Leonardo sich hier eher die Merkmale eines Magiers als die eines Weisen.

1. In *Les Ingénieurs de la Renaissance* liefert Bertrand Gilles darüber eine fesselnde Bestandsaufnahme. In bezug auf Leonardo da Vinci präzisiert er: »Es bedurfte schon einer großen Ignoranz und übermäßigen Phantasie, um aus da Vinci, noch dazu gegen seinen Willen, einen einfallsreichen Erfinder zu machen.«

Die Ausgrabung der wunderbaren Zeichnungen, der zahllosen Skizzen, Aufzeichnungen und Schriften dieses unwiderstehlichen Charmeurs wird in der Kunst und Geisteswelt größeres Aufsehen erregen als die Entdeckung Pompejis unter einem Leichentuch aus Asche 150 Jahre zuvor. Wo, so fragte man sich damals, sind die Befreier von Aristoteles und der Kirche? Wo sind die, die nach der langen Nacht des Mittelalters Kunst und Wissenschaft neu belebt haben? Diesen Mann, diesen Ritter, der die Zeiten der Finsternis besiegte, diesen Helden der Wissenschaft, ihn werden sie schließlich in Leonardo, dem großen Künstler und einsamen Denker, erblicken. Jede Einzelheit trägt zur Entwicklung des Mythos bei. Und zuallererst *La Gioconda*, deren geheimnisvolles, sibyllinisches Lächeln seine Legende noch verstärkt. Lächelte sie, weil sie die Zukunft kannte? Denn gerade darum geht es: Daß ein Mann, dessen Genie sich in seinen Zeichnungen manifestierte, auf solche Weise tatsächlich existierende Maschinen vorwegnehmen konnte, erschien unbegreiflich. Das ist es, was die Menschen behalten. Maler, Erfinder, Bildhauer, aber vor allem Wundertäter, ein viel mächtigeres Orakel als Nostradamus, mit einer prophetischen Gabe, die ihm den Blick in die Zukunft erlaubt. Er war ein Mensch, so heißt es, der seiner Zeit so weit voraus war, daß er wachte, als die Menschheit schlief.

Der Beweis? Er findet sich in seinen Tagebüchern. Hat er nicht den Sturmpanzer erfunden, den Flugapparat, den Hubschrauber, den Fallschirm, das Kettenfahrzeug, das Unterseeboot, die Tuba? Man schreibt ihm alles zu und noch mehr, ohne sich um seine eventuellen Vorgänger zu kümmern, da ja vor ihm per definitionem, per Glaubensakt nur Dunkelheit herrschte – sonst wäre das Mittelalter ja nicht mehr so finster.

Mit solchem Kapital ausgestattet, ist da Vincis Popularität im 20. Jahrhundert noch gewachsen. Höchstens Einstein und Archimedes können es, aus unterschiedlichen Gründen, in der Rangfolge der wissenschaftlichen Gottheiten mit ihm aufnehmen. Keiner von beiden kann jedoch auch nur im entferntesten eine vergleichbare Präsenz beanspruchen. Wenn nämlich in einer Familienbibliothek nur ein einziges Buch die Vorstellung von Wissenschaft heraufbeschwören kann, dann ist es das mit den Abbildungen der Gemälde und berühmten Skizzen von da Vinci.

Und genau da hat die Gesellschaft für Zeitarbeit Manpower ihr Totem gefunden (ihr »Logo«, wie es in einer Abkürzung heißt, die treffend zum Ausdruck bringt, daß es sich um eine Gottheit handelt). Zwei voreinanderstehende Männer: der vordere mit seitlich ausgestreckten Armen ist nackt; von dem hinteren sieht man nur die Hände und die Beine, so als wäre er viergeteilt. Warum diese Wahl? In einer Werbung zeigt Manpower ein schwarzes und ein weißes Team, die es zusammen schaffen, eine Arbeit zu erledigen, die offensichtlich anders nicht hätte erledigt werden können; in einer anderen sieht man einen Mann, dessen Angst schwindet, als er feststellt, daß ein unersetzlicher Mitarbeiter schließlich doch austauschbar ist. Das ist es, was Leonardo und die Wahl von Manpower repräsentieren. Da Vinci ist tot, es lebe Manpower, die es verstanden hat, in dieses wunderbare Zeitalter zurückzukehren, als alles Wissen der Welt einem Menschen zugänglich war. Diese alte Welt existiert nicht mehr (wobei es unwichtig ist, daß das universelle Wissen im 15. Jahrhundert ebenso eine Illusion war wie im 20.), aber ihr Wiederaufleben bedarf eines »Geflechts von Kompetenzen«. In einer Welt, die sich der Überspezialisierung verschrieben hat, muß die göttliche Technologie sich daran erinnern, daß es eine Zeit gab, wo sie noch menschlich war.

# *Die Möbel des Bernard Palissy*

Bernard Palissy (1510–1589), der Mann, der seine Möbel verbrannte, um Keramiken herzustellen, ist aus den Geschichtsbüchern verschwunden. Dennoch hat er Generationen von Pennälern beeinflußt, die von ihm eigentlich Opferbereitschaft und Einsatzfreude lernen sollten. In Wirklichkeit waren besagte Pennäler hin- und hergerissen zwischen Bewunderung – er hatte es gewagt, Möbel zu verbrennen, während ihnen schon der geringste Kratzer am Eßzimmerbuffet eine Ohrfeige einbrachte! – und Befremden: Welchen Sinn hatte es, solche Anstrengungen zu unternehmen, nur um die Nippes herzustellen, die auf dem Kaminsims ihrer Großeltern standen?

Vier Jahrhunderte zuvor stellten Palissys Nachbarn sich dieselbe Frage. Während die Keramik heutzutage wieder ein avantgardistischer Werkstoff ist, supraleitend wie kein anderer und sogar nobelpreisverdächtig, wurde ihre Fertigung 1550 als minderwertige Kunst betrachtet, für die es sicher nicht lohnte, sein Familienleben zu opfern. Aus der Sicht des 20. Jahrhunderts ist diese Wahl noch erstaunlicher: Zur selben Zeit, als Ambroise Paré die moderne Chirurgie erfindet und Kopernikus die Planetenbahnen beschreibt, müht Palissy sich ab, Schalen mit goldbraun schimmernden Flußkrebsen und Schlangen herzustellen... Zehn Jahre seines Lebens verbringt er damit, Terrakotta-Gefäße zu zerschlagen, sie mit kunstvollen Mixturen aus Zinn, Antimon, Pottasche und dem Stein des Périgord zu

In der festen Überzeugung, daß es unmöglich ist, Blei in Gold zu verwandeln, schickt Bernard Palissy sich an, hölzernes Mobiliar in Keramik zu verwandeln.

Kupferstich von Cardon nach Meunier, 1881. © Roger-Viollet.

überziehen, Glasöfen zu konstruieren und das Feuer darin mit den Pfosten seines Gartentors und dann den Tischen und Dielen seines Hauses zu unterhalten.

»Ich war völlig ausgetrocknet und ausgedörrt von der mühsamen Arbeit und der Hitze des Ofens; seit über einem Monat war das Hemd an mir nicht mehr getrocknet, und selbst die, die mir eigentlich helfen sollten, erzählten lauthals in der Stadt herum, ich würde meinen Fußboden verbrennen: Und so kam es, daß ich meinen Kredit verlor und man mich für verrückt hielt.« Von Mißerfolg zu Mißerfolg, von geschmolzenen Scherben zu geborstenem Ofen, und dazu Pflegekinder, scherzende Nachbarn und die Vorwürfe seiner Frau – so stürzt sich Palissy, »immer begleitet von tausend Ängsten«, in eine verzweifelte Suche: der nach der weißen Emailglasur, die er auf einer Schale aus Faenza gesehen hat. Eine Glasur »von einer solchen Schönheit, daß ich fortan mit meinen eigenen Gedanken stritt und mich wie ein Mann, der in der Dunkelheit umhertastet, auf die Suche nach den Glasuren machte«.

Liebe zur Kunst? Gewiß, Palissy ist ein Künstler, einer, der in der Dunkelheit umhertastet, aber er muß auch einen neuen Beruf finden: 1540 bringen Porträt- und Glasmalerei nicht mehr viel ein. Statt ärmlich von seinen bemalten Glasscheiben und seiner Auftragsmalerei zu leben, zieht Palissy es vor, einen vielversprechenden neuen Markt zu erschließen – in Frankreich kann niemand die italienischen Keramiken nachbilden, und an reichen Kunden fehlt es auch nicht. Und tatsächlich, sobald es ihm gelingt, »die verschiedenen Farben beim selben Hitzegrad zum Schmelzen zu bringen« und er das Geheimnis der Glasur findet (was ihm eine solche Freude bereitet, daß er »glaubte, eine neue Kreatur geworden zu sein«), verändert sich sein Leben von Grund auf. Von dem Konnetabel de Montmorency bei Hof eingeführt, wird er der

»Erfinder der einfachen Figürchen des Königs und der Königinmutter«. Die Moral bleibt unangetastet, aber das Märchen ist hier zu Ende. Palissy verfiel auf den dummen Gedanken, am Vorabend der Bartholomäusnacht zum Protestantismus überzutreten. Dank seiner hochgestellten Gönner entgeht er dem Blutbad, endet aber trotzdem in einem dunklen Verlies der Bastille, aus dem ihn nicht einmal der Besuch König Heinrichs III. wieder befreit.

Bis auf diesen fatalen Irrtum ist Palissys Geschichte wirklich beispielhaft: Die Zukunft gehört den Wagemutigen, wer sucht, der findet (vor allem, wenn er sich auf die experimentelle Methode verläßt), und frisch gewagt ist halb gewonnen. Sagte er nicht selbst: »Man muß nur willig, rege, beweglich und fleißig sein«? Daß nur der Fußboden dieses Mannes die Geschichte überdauert hat, ist allerdings zutiefst ungerecht. Denn Palissys Wissenschaft ging weit über das Geheimnis der Glasurherstellung hinaus – bis hin zu einer »Kunst der Erde«, die sie zu einer Vorläuferin der Geologie, der Paläontologie und der Chemie macht. Zu einer Zeit, als man davon überzeugt ist, daß das Wasser der Flüsse aus dem Inneren der Erde kommt, beweist er anhand von Experimenten, daß es ganz und gar vom Regen stammt; während ein Jahrhundert später der große Isaac Newton sich an seinen Alchimistenöfen genauso abmüht wie er – mit anderen Zielen und weniger Erfolg, zeigt dieser Spezialist der chromgrünen, zinnweißen und goldpurpurnen Farben, daß die Umwandlung der Metalle ein Hirngespinst ist.

Zwei Jahrhunderte vor der Entwicklung der Kristallographie legt er eine Einteilung der Kristalle vor. Sein besonderes Interesse gilt den Fossilien, von denen er behauptet, sie seien keineswegs Überreste der Sintflut, sondern »verlorene Arten«. Diese bahnbrechenden Gedanken, die einem nur selten beim Verbrennen von Fußböden kommen, werden auch eine angemessene Würdigung erfahren: Ambroise Paré hört regelmäßig die öffentlichen Vorträge über verschiedene naturgeschichtliche Themen, die Palissy in Paris unmittelbar vor seiner endgültigen Inhaftierung hält. Aus der Sicht der Geschichte der Wissenschaften reicht das aber trotzdem nicht aus, um Bernard das Format eines Leonardo zu verleihen, der ihn als Symbolfigur der Renaissance mit Leichtigkeit verdrängen wird. Bleibt noch die Sache mit dem Fußboden, die wiederum als typisches Beispiel für den Einfluß der Wissenschaft auf die Gesellschaft der Nachwelt überliefert wurde.

Palissy hat wirklich alles verbrannt; er hat seinen häuslichen Herd zerstört, um mit dessen Feuer ein anderes – das der Wissenschaft – zu unterhalten, und seine Übersetzung für *home sweet home* lautete »Glasur, süße Glasur«. Damit eignet er sich hervorragend als Sinnbild für den Forscherdrang, der kein Hindernis duldet, und die leidenschaftliche Suche nach Erkenntnis, die den gesellschaftlichen Normen trotzt. Daß der Palissy-Mythos aus den Schulbüchern verschwunden ist, ist ebenso aufschlußreich wie der Mythos selbst: Die Gesellschaft weiß nun, was man von leidenschaftlicher Forschung zu erwarten hat. Angesichts der modernen Gefahren von der nuklearen Bedrohung bis hin zur Verseuchung des Grundwassers hütet sie sich vor den Palissys von heute, die sie in die Labors des CNRS (Nationales Forschungszentrum, Anm. d. Ü.) verbannt und denen sie im Erfolgsfall Medaillen verleiht. Was den unaufhaltsamen sozialen Aufstieg des Erfinders der Glasur betrifft, der ist in einer klassenlosen Gesellschaft kaum noch von Bedeutung. Der Palissy-Mythos hat sich überlebt. Er ist zu seinem Ursprung, gewissermaßen zu seinem Boden zurückgekehrt.

Die Forscher dieses ausgehenden 20. Jahrhunderts wären allerdings gut beraten, wenn sie in Palissy einen ihrer großen Vorgänger erkennen würden. Freilich ist er gestorben, ohne Schüler zu hinterlassen, und hat all seine Fabrikationsgeheimnisse mit ins Grab genommen, was an die beunruhigende Forderung nach Geheimhaltung erinnert, der heute wegen der industriellen Implikationen ihrer Forschungen zahlreiche Wissenschaftler nachkommen müssen[1]. »Hast du nicht auch die Keramiker von Limoges gesehen, deren Kunst, weil sie ihre Erfindung nicht geheimgehalten haben, so billig geworden ist, daß sie bei den niedrigen Preisen für ihre Werke nur mit Mühe ihren Lebensunterhalt verdienen können?« fragte Palissy. Eine Frage, deren Sinn unsere Technologie genau erfaßt hat, auch auf die Gefahr hin, daß damit eine der Hauptaufgaben wissenschaftlicher Forschung erschwert wird, nämlich die, Erkenntnisse ungehindert zu verbreiten.

1. ... einschließlich der heutigen »Keramiker«. Der amerikanische Forscher Paul Chu, einer der Erfinder der supraleitenden Hochtemperaturkeramik, hat den Nobelpreis für diese Entdeckung nicht bekommen, sondern in einer Veröffentlichung einen dummen Fehler begangen: Da er Yb (für Ytterbium) statt Y (für Yttrium) schrieb, kann man vermuten, daß er seine Chemikerkollegen so lange auf eine falsche Fährte locken wollte, bis er sich das Patent für seine Erfindung gesichert hatte.

# *Das Perpetuum mobile*

Alle Babys haben – und darin rekapitulieren sie die Entwicklung der Menschheit – ihre Rad-Phase. Bäuchlings auf dem Boden liegend, in der einen Hand ein kleines Auto, können sie unendlich viel Zeit damit verbringen zu beobachten, wie ein Rad sich in eine Richtung dreht, anhält, sich dann in die andere dreht. Jahre später werden die pragmatischsten unter ihnen dieses köstliche Spiel am Steuer ihrer PS-starken Limousine wiederholen; einige wenige dagegen werden sehr viel Zeit und manchmal ihr ganzes Vermögen darauf verwenden, nicht einfach ein Rad, das sich dreht, zu entwickeln, sondern *das* Rad, das sich ewig dreht, und dabei ihre unsagbare kindliche Faszination in kosmische Extase verwandeln. Kurz gesagt, sie werden die Verfolgung des Perpetuum mobile aufnehmen.

Wenn es einen zählebigen Mythos gibt, dann ist es dieser; die ersten Spuren finden sich im fünften Jahrhundert, in einer Sanskritschrift, die in Italien unter dem Titel *Siddhanta Ciromani* erschien. Im 15. Jahrhundert taucht er erneut in *Antrum Magico Medicum* des Italieners Marc-Antonio Zimara auf, im 16. Jahrhundert in *Le Diverse e Artificiose Macchine* von Agostino Ramelli, im 17. Jahrhundert in *Theatrum Machinarum Novum* des Deutschen Georg Böckler und, eher unerwarteterweise, bei dem großen Newton selbst, der davon träumt, »die Strahlen der Schwerkraft zu reflektieren oder zu brechen«, um »das Perpetuum mobile zu erschaffen«. Danach ist die Maschine gewissermaßen in

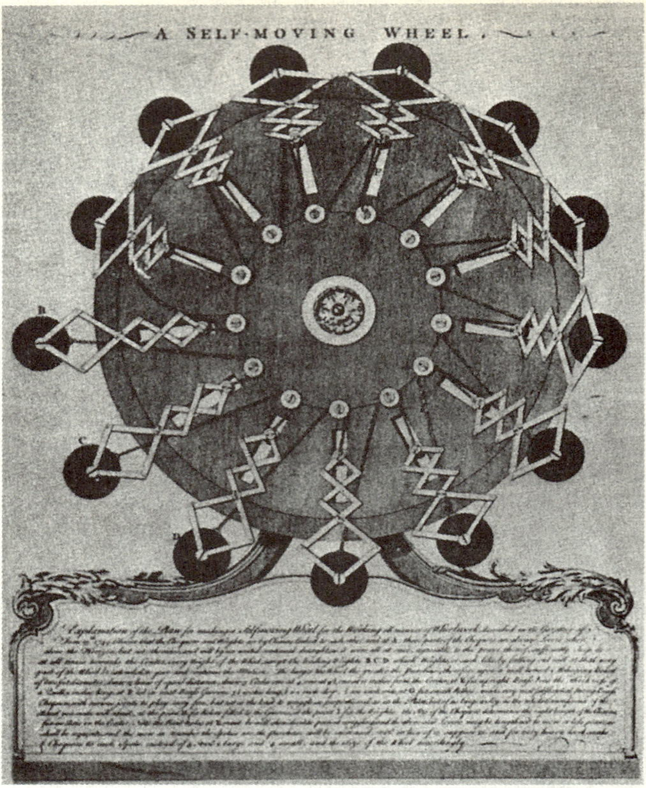


Dieses schöne, wohldurchdachte selbstdrehende Rad von 1749 hat alles, was nötig ist, um zu funktionieren. Dennoch dreht es sich nicht!
© D. R.

Gang gesetzt: Die dokumentarisch gut belegte Studie des amerikanischen Fachmanns für die Geschichte der Technik Arthur Ord-Hume zeigt, daß die Forschungen ihren Höhepunkt Ende des 19. Jahrhunderts erreichen und im 20. Jahrhundert nur sehr langsam nachlassen. Obwohl die Pariser Akademie der Wissenschaften bereits 1775 beschließt, keine Vorschläge zum Perpetuum mobile (ebenso wie zur Quadratur des Kreises und zur Dreiteilung des Winkels) mehr anzunehmen, gehen in England und den USA bis 1911 weiterhin Tausende von Patentanmeldungen ein; hier werden – man weiß ja nie! – die schriftlichen Gesuche unter der Bedingung geprüft, daß sie zusammen mit einer funktionstüchtigen Maschine eingereicht werden.

Wie ein diskreter Schatten folgen die Versuche eines Perpetuum mobile zuverlässig dem Fortschritt in der Mechanik. Im Mittelalter geht es dabei hauptsächlich um Wassermühlen: Indem sie eine archimedische (oder Endlos-) Schraube betätigen, die das Wasser wieder nach oben befördert, das sie soeben in Bewegung gesetzt hat, vermehren sie sich auf dem Velinpapier der ersten Abhandlungen über die Mechanik. Dann kommen die Windmühlen, die einen Blasebalg betätigen, der wiederum sie in Gang setzt. Und die äußerst komplizierten beweglichen Pendel, mit geölten Nockenscheiben, diamantbesetzten Rollen und geschickt plazierten Gewichten. Wandelnde Magnete, Kapillarröhrchen, Ketten von Schwämmen, die sich mit Wasser vollsaugen und es wieder abgeben, wenn sie zusammengepreßt werden, gehen einer Heerschar von elektrischen Maschinen voraus, die sich seit Voltas Erfindung der Batterie im Jahr 1800 durch ihre spiralig aufgerollten Drähte und kupfernen Kontakte hervortun. Alle diese Vorrichtungen sind natürlich Opfer der Reibungskräfte und der unerbittlichen Gesetze der Mechanik, aber das Museum der ewig laufenden Maschinen, übrigens alles andere als ein Friedhof der verlorenen Illusionen, stellt eine wunderbare Hymne an den menschlichen Erfindergeist dar, dessen Meisterwerk, eine im Victoria and Albert Museum in London ausgestellte große Pendeluhr, aus den sechziger Jahren des 18. Jahrhunderts stammt.

Ihr Konstrukteur, James Cox, ist ein genialer Uhrmacher und Automatenhersteller, der verkannte Zeitgenosse des berühmten John Harrison, der das Chronometer erfand, und diesem (zumindest) ebenbürtig. Auf jeden Fall ist er mehr als ein reiner Techniker, denn er erklärt, seine ewig laufende Uhr funktioniere *»by an union of mechanic and philosophic principles«*. Tatsächlich bezieht sie ihre Energie weder vom Wasser noch vom Wind, vom Magnetismus oder von der Elektrizität, sondern von den Luftdruckschwankungen: Es handelt sich um ein gewaltiges Barometer, das fast 80 Kilogramm Quecksilber enthält und mit einem Schwimmer ausgestattet ist, der mittels eines ausgeklügelten Räderwerks je nach Hoch- oder Tiefdruck das Pendelgewicht wieder aufsteigen läßt. Die Physiker werden einwenden, daß es sich nicht wirklich um ein Perpetuum mobile handelt, da die Maschine nicht isoliert ist, und die Meteorologen werden dagegenhalten, daß die Pendeluhr schließlich stehenbleiben wird, wenn sie in einer Gegend flacher Tiefdruckgebiete wie dem Kalmengürtel am Äquator aufgestellt wird, wo der Luftdruck kaum schwankt. Eines aber ist sicher: Wenn die Coxsche Pendeluhr nicht abgebaut und das Quecksilber nicht ausgeleert worden wäre, würde sie heute noch funktionieren und es auch weiterhin tun, bis ihre hölzernen Ständer endgültig verfault wären.

James Cox' Pendeluhr unterbrach keineswegs die Forschungen rund um das Perpetuum mobile; vermutlich war sie nicht »philosophisch« genug, da sie ja eine externe Energiequelle in Anspruch nahm – in diesem Fall die Atmosphäre. Auch der Energieerhaltungssatz, nach dem die Energie eines isolierten Systems zwar in eine andere Form umgewandelt, keinesfalls jedoch vermehrt oder vermindert werden kann, vermochte die Forschung nicht zu bremsen. Ebensowenig wie der Beweis für die Unmöglichkeit des »wahren« Perpetuum mobile, den Nicolas Léonard Sadi Carnot 1824 in seinen *Betrachtungen über die bewegende Kraft des Feuers und die zur Entwicklung dieser Kraft geeigneten Maschinen* meisterlich darlegt. Diese 118 Seiten starke Schrift geht von einer grundlegenden Asymmetrie der Natur aus: Während mechanische Energie vollständig in Wärme umgewandelt werden kann, bringt der umgekehrte Vorgang nur eine lächerliche Ausbeute. Der maximale Wirkungsgrad des modernsten Automotors zum Beispiel übersteigt kaum 25 Prozent, wobei der größte Teil der Verbrennungsenergie die Abnutzung des Motors bewirkt und die Erhitzung der Atmosphäre fördert. Um zu diesem bemerkenswerten Schluß zu gelangen, dessen Auswirkungen weit über die reine Thermodynamik hinausreichen – unter anderem bis in die Biologie –, benutzt Carnot das Beispiel einer Mühle, die durch den Sturz des Wärmestoffes (der damaligen »Wärme«) von einer warmen zu einer kalten Quelle angetrieben wird. Wie sie mit einer Betrachtung über Mühlen begann, so endet die Geschichte des Perpetuum mobile natürlich auch mit einer Mühle.

War's das? Nicht ganz. Da es sich bei der Erhaltung der Energie um kein physikalisches Gesetz, sondern um ein Prinzip handelt, ist noch nicht alle Hoffnung verloren. Mit dem Physiker Max Planck gesprochen: »Das Prinzip von der Erhaltung der Energie ist im Grunde ein experimentelles Gesetz. Seine Gültigkeit könnte also, obwohl man es heute als universell und auf alle möglichen Fälle anwendbar betrachtet, eines schönen Tages eingeschränkt werden; dann könnte das Problem des Perpetuum mobile plötzlich zu einem echten Problem werden.« Vorerst aber hat das Perpetuum mobile, das aus den Mühlen, Pendeluhren und Motoren vertrieben wurde, bei den Atomen Zuflucht gefunden (wo sich die Elektronen, trotz ihrer »stationären« Quantenzustände, seit Milliarden Jahren unaufhörlich drehen), insbesondere bei jenen empfindlichen und beunruhigenden Wunderwerken der Technologie, den Schnellen Brütern. Diese Maschinen hätten James Cox sicher fasziniert, denn sie produzieren mehr spaltbares Material (aber nicht mehr Energie), als sie verbrauchen. Das Atom, so werden die Prinzipienreiter zu Recht sagen, spielt aber nicht mit, und der Super-Phénix weckt nicht die geringsten Assoziationen zu dem namenlosen Wunder, das eine wirklich unabhängige Maschine darstellte, die ohne jede Energiequelle funktioniert – das absolute mechanische Nirvana, die ewige Seele der Maschine, die sich keinen Deut um die Reibungskräfte und den zweiten Hauptsatz der Thermodynamik schert.

Allem Anschein nach hat das, wovon die Anhänger des Perpetuum mobile nach wie vor träumen, nichts mit Mechanik zu tun. Wie Aristoteles, der sich jenseits des Fixsternhimmels einen »Unbewegten Beweger«, einen göttlichen Ursprung der Planetenbewegung vorstellte, wollen sie die Seele von der Bewegung trennen. Was sie suchen, ist, in aller Einfachheit und in Miniaturausgabe, das Geheimnis des Lebens. Eine Schrift des arabischen Alchimisten Jabir ibn Hayyan aus dem neunten Jahrhundert, der organische Stoffe in einer sich ständig bewegenden Kugel zusammenbringen wollte, um ein Lebewesen neu zu erschaffen, zeigt, daß die fixe Idee der ewig laufenden Maschine weniger lächerlich ist, als es den Anschein hat: An der Entwicklung der Mechanik ist sie nicht unbeteiligt und hat sogar großen Anteil an jener der Biologie. Wer wollte sich zu der Behauptung versteigen, daß die Mythen flüchtige Konstrukte des Geistes sind?

Sicherlich nicht die Forscher auf dem Gebiet der künstlichen Intelligenz, jene würdigen Nachfolger von Ibn Hayyan und James Cox. Während letztere verzweifelt den Geist in der Maschine suchten, konstruieren die Spezialisten der »KI« und des »künstlichen Lebens« Maschinen, die den Geist simulieren. Wenn inzwischen auch das Silizium der Chips und anderer »Neuronennetze« die gut geölten Räderwerke ersetzt hat, so ähnelt doch die Suche nach der denkenden Maschine der nach dem Perpetuum mobile wie ein Ei dem anderen. Und die Feststellung, daß das Perpetuum mobile zwar nicht »läuft«, sein Mythos sich aber seit Jahrhunderten »dreht«, hat durchaus etwas Amüsantes. Der Energieerhaltungssatz gilt offenbar nicht für mythische Objekte. Der große Victor Hugo brachte es in *L'Art et la Science* (»Kunst und Wissenschaft«) hervorragend auf den Punkt: »Die Wissenschaft sucht das Perpetuum mobile. Sie hat es gefunden; sie selbst ist es.«

# *Newtons Apfel*

Er ist das berühmteste Objekt der wissenschaftlichen Folklore. Die Beatles erkoren ihn zum Logo ihrer Plattenfirma. Eine große Computerfirma bietet eine bereits angebissene Variante an. Man findet ihn – zum Beweis seiner Vielseitigkeit – in Gotlibs *Rubrique à brac* wieder, in unveränderlicher Manier kurz vor seinem Aufprall auf den Schädel des gestrengen, im Stil der Zeit gekleideten Isaac[1]. Zum selben Zeitpunkt wie in die Alltagssprache fiel er sogar in die Enzyklopädie Larousse, in die Rubrik »historische Anspielungen«. Der vielzitierte Apfel, der eines Tages in einem Obstgarten in Lincolnshire im freien Fall beobachtet wurde, ist genau so berühmt wie Isaac Newton, und ganz bestimmt viel berühmter als die universelle Schwerkraft, für deren Entdeckung er, wie es scheint, steht. Äpfel sind wahrhaftig zu allem zu gebrauchen – in der Musik, der Informatik, der Politik –, und das mit garantiertem Erfolg. Denn der Apfel ist nicht einfach nur eine Frucht, er ist die Frucht schlechthin, Inbegriff aller bäuerlichen Tugenden und seinem biblischen Hintergrund mit dem aufregenden Beigeschmack der Erbsünde immer noch stark verhaftet.

1. In seiner *Rubrique à brac* (dt. sinngemäß »Flohmarkt-Rubrik«) schuf der französische Comic-Zeichner Marcel Gotlib neben anderen Figuren auch den unsäglichen Newton, der nur dann mit Einfällen gesegnet war, wenn ihm etwas auf den Kopf fiel. A.d Ü.

Isaac Newton aus der Sicht eines japanischen Malers oder der Beweis, daß der große Gelehrte Hosen mit Schlag trug und daß auf der anderen Seite des Globus die Äpfel auch fallen.

Die Geschichte mit dem Apfel erfüllt ihre Aufgabe so gut und symbolisiert so vollkommen die begrifflichen Revolutionen, die aus der Beobachtung eines alltäglichen Gegenstands entstehen können, daß man zögert, sie in Frage zu stellen. Auf die Frage eines Freundes, ob er wirklich die Transsibirische Eisenbahn genommen habe, antwortete Blaise Cendrars: »Das kann dir jetzt egal sein, wo ich dich doch dazu gebracht habe, sie zu nehmen?« In einem Punkt sind sich jedoch alle Biographen des großen Physikers einig: Newton hat den Apfel erst 1726, kurz vor seinem Tod, fallen sehen, während die Anekdote das Ereignis 1666 ansiedelt, in dem Jahr, als er sich daranmachte – wiederum sehr späten Berichten zufolge –, »darüber nachzudenken, ob die Schwerkraft bis zur Umlaufbahn des Mondes reicht«. In der Tat kann der Apfel nicht von unserem Trabanten getrennt behandelt werden, denn ursprünglich stellte sich die Frage: Wenn der Apfel fällt, warum nicht auch der Mond? Und die Antwort lautet: Der Mond fällt nicht nur (ein sich kreisförmig bewegender Gegenstand fällt stetig zum Kreismittelpunkt), sondern er fällt, wenn alle Berechnungen und Entfernungskorrekturen erfolgt sind, auf dieselbe Weise wie ein Apfel. Ist der Mond erst einmal an seinen Platz (hinter dem Apfel) zurückverwiesen, kann man über den Wahrheitsgehalt der Anekdote und ihre Umstände nachdenken.

William Stukeley, der spätere Verfasser der *Memoirs of Sir Isaac Newtons Life*, versieht die Geschichte mit dem Datum vom 15. April 1726: »Nach dem Essen lud das milde Wetter uns dazu ein, den Tee im Garten, im Schatten einiger Apfelbäume, einzunehmen. Neben anderen Gesprächsthemen erzählte er mir, er habe sich in einer ähnlichen Situation befunden, als ihm die Idee von der Schwerkraft gekommen sei. Diese sei ihm durch den Fall eines Apfels eingegeben worden, als er eines schönen Tages in kontemplativer Stimmung in seinem Garten gesessen habe.« Newtons Persönlichkeit, sein kaltes, hochmütiges Wesen, das die meisten seiner Texte durch eine Unmenge von Gleichungen mit Absicht schwer verständlich machte, »um sich nicht den Anwürfen mathematisch Halbgebildeter auszusetzen ...«, fügt sich schlecht in eine so eindeutig vulgarisierende Methapher. Stukeley, der sich damit brüstete, ein Kenner der Mathematik zu sein, ist im übrigen erstaunt über die Kühnheit dieses Resümees, das in seinem Ton weit von den gelehrten Gedanken entfernt ist, die er gewöhnlich mit Sir Isaac auszutauschen pflegt; er merkt wahrscheinlich, daß die Anektdote nicht für ihn bestimmt ist und er nicht der erste ist, dem sie zu Ohren kommt. Nur ein wissenschaftlich kaum beschlagener Mensch, der ihm nahe genug stand, um persönliche Bekenntnisse auszulösen, hat Newton die Geschichte mit dem Apfel »entlocken« können. Aller Wahrscheinlichkeit nach handelt es sich um seine inniggeliebte Nichte Catherine Conduitt, die einzige Person in seiner Familie, die auch nur ein Quentchen Vertrautheit mit ihm genoß, und sicherlich die einzige Frau, die je an ihn herangekommen ist. Die zeitgenössischen *Cartoonisten* ließen es sich übrigens nicht nehmen, in ihren Zeichnungen den absoluten Frauenhaß des alten Onkels (der, so versichern seine Biographen, nie mit einer Frau geschlafen hat) mit den in ganz London bekannten Reizen der schönen, jungen Catherine in Verbindung zu bringen. Jonathan Swift machte ihr schöne Augen (»Ich liebe sie mehr als irgend jemanden sonst ...«, vertraute er seinem Tagebuch an) und Rémond de Monmort, Mitglied des Regentschaftsrates, gestand: »An ihren Verstand und ihre Schönheit habe ich die großartigste Erinnerung!« Voltaire selbst schrieb: »In meiner Jugend war ich der Meinung, Newtons Vermögen sei auf seine Verdienste zurückzuführen (...) Keineswegs! Isaac Newton hatte eine sehr charmante Nichte, Mme. Conduitt, die den Minister Halifax für sich einnahm. Ohne die charmante Nichte wären die Fluxionen und die Gravitation wertlos.« Lord Halifax war zwar Newtons Gönner und vermutlich Catherines Geliebter, aber es bedarf doch der Perfidie eines Voltaire und seines Unvermögens, sich das Vergnügen eines Bonmots zu versagen, um dem Erfolg der universellen Schwerkraft eine solche Ursache zuzuschreiben.

Die Logik bleibt also erhalten: Es steht tatsächlich eine Frau hinter der Geschichte mit dem Apfel, einer Geschichte, die sie vielleicht – keiner wird es je erfahren – von A bis Z erfunden hat. Aber es kommt noch besser. Auch beim Tod ihres Onkels ist Catherine noch da. Sie wird sogar als Testamentsvollstreckerin fungieren und unter anderem einen Koffer aufbewahren, der Newton seit seinem Abschied von der Universität Cambridge, wo der große Mann die ersten Jahre seines Lebens verbracht hatte, stets begleitet hat. Ein Bischof soll den Inhalt des Koffers inspizieren, schlägt aber bei seinem Anblick, »von Schrecken erfüllt«, den Deckel gleich wieder zu. Der Koffer wird in der Familie verbleiben, bis Lord Lymington, ein Nachfahre von Catherine, ihn 1936 auf einer Auktion verkauft. Empört über diesen »Mangel an Familiensinn« kauft John Maynard Keynes, ein berühmter Wirtschaftswissenschaftler, den größten Teil des Inhalts auf: Tausende von Seiten mit alchimistischen und theologischen Schriften!

Diese esoterischen Abhandlungen entsprechen in ihrem Umfang ungefähr Newtons wissenschaftlichen Arbeiten. In seinem Labor in Cambridge widmete er sich nicht der »vulgären Chemie«, sondern der Suche nach dem Geheimnis des Lebens. Hier, wo er, von Retorten umgeben, Ofenfeuer schürte, die, nach Aussage des einzigen Gehilfen, der je das

Refugium betreten durfte, »im Herbst und im Frühling ... das Feuer Tag und Nacht kaum ausgehen ließ«[1], versuchte Isaac den *vegetativen Geist* zu isolieren, ein *»außerordentlich feines* und *unvorstellbar kleines«* Teilchen der (lebendigen oder mineralischen) Materie, »ohne das die Erde tot oder inaktiv wäre«[2]. Unter den geheimnisvollen Diagrammen, die den Stein der Weisen darstellen, findet Keynes auch einen *index chemicus*, der alle den Alchimisten bekannten Elemente aufführt, sowie eine lange Liste mit Sätzen aus der Heiligen Schrift samt ihrer jeweiligen Bedeutung in verschiedenen Sprachen.

Newton ist davon überzeugt, daß die alte Doktrin manipuliert worden ist, und sucht ihren ursprünglichen Sinn mit eben den analytischen Fähigkeiten und dem Konzentrationsvermögen, die auch seine wissenschaftlichen Arbeiten zum Erfolg geführt haben. Das ist nämlich genau derselbe Newton, der auf der Suche nach dem Stein der Weisen die Geheimnisse der Schwerkraft (»eine Art *sehr feiner* Geist, der in der Substanz der Körper verborgen ist«) und des Lichts (das aus »einer Vielzahl von *unvorstellbar schnellen und kleinen* Teilchen besteht«) entdeckt. Ironie der Geschichte: Die Schwerkraft ist noch geheimnisvoller als der Stein der Weisen; im Gegensatz zu den anderen Kräften der Natur, die sich in einen allgemeinen theoretischen Rahmen einfügen, bleibt sie auch heute ein Rätsel, das den Physikern schlaflose Nächte bereitet.

> Warum kann man Newton einen Magier nennen (*fragt sich Keynes)*? Wegen seiner Sicht des Universums und dessen, was es enthält: Für ihn war es ein Rätsel, ein

1. Zit. n. Ferdinand Rosenberger, *Isaac Newton und seine physikalischen Prinzipien*, Leipzig 1895. A.d.Ü.
2. Fischer, a.a.O.. S. 171.

> Geheimnis, das man entschlüsseln konnte, indem man seinen reinen Verstand auf bestimmte geheimnisvolle Zeichen richtete, die Gott in der Welt gesetzt hat, um der esoterischen Bruderschaft eine Art philosophische Schatzsuche zu bieten.

Schluß mit den Apfelgeschichten, Newtons Geheimnisse stecken in seinem Koffer, und seiner Nichte ist es zu verdanken, daß wir sie beide kennen.

Danke Catherine.

# *Frankenstein*

Freunde von Kriminalromanen und Horrorgeschichten wissen, daß man sich vor der schwärmerischen Phantasie der alten Damen hüten muß, die zwischen zwei Tassen Tee – Noch ein bißchen Milch gefällig? – Geschichten zusammenbrauen können, die einem das Blut in den Adern gefrieren lassen. Dem romantischen Wahn der jungen Engländerinnen, den Gymnasiasten seit dem Aufkommen der Sprachaufenthalte im Ausland ein wenig überstrapazieren, muß man nicht minder mit Argwohn begegnen. Als die reizende Mary Godwin mit 19 Jahren an einem Gewitterabend des Jahres 1816 in einem Chalet am Genfer See zur Feder greift, tut sie das, um eine grauenerregende Geschichte zu schreiben, deren mystischer Held heute mehr denn je die schlimmsten Verirrungen der Wissenschaft verkörpert: Frankenstein.

Schon das Wort allein bewirkt, daß Blitze den Himmel durchzucken, daß das Gewölbe eines düsteren Schlosses vom hämischen Lachen eines verabscheuungswürdigen, verrückten Wissenschaftlers widerhallt und man im kalten Schatten die leicht schwankende Silhouette eines narbenzerfurchten Monsters erahnt, das von Boris Karloff verkörpert wird. Und das hat seinen Grund: Diese Bilderfolge stammt eher aus dem Kino, hauptsächlich aus *Frankenstein* von James Whale (1931), denn aus dem Buch von Mary Godwin Shelley, in dem Victor Frankenstein, ein junger, sehr begabter Student, der nichts von einem verrückten

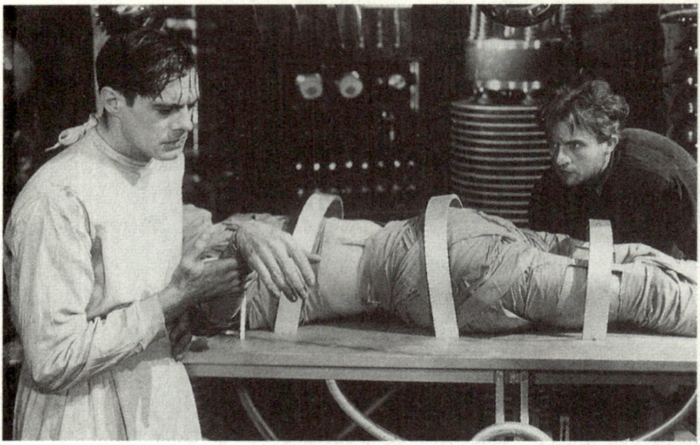

Voller Entsetzen erleben Mary Shelley, ihr Mann Percy Bysshe Shelley und Lord Byron die Geburt ihres Sprößlings, dem eine große literarische und wissenschaftliche Karriere bevorsteht.

MARY SHELLEY. National Gallery, London. © Roger-Viollet
P. B. SHELLEY. Zeichnung von A. Gurran. National Gallery, London. © Roger-Viollet.
LORD BRYON. Stich von Blanchard, 1834. Bibliothèque nationale de France, Paris. © Roger-Viollet.

Foto aus dem Film von J. Whale, *Frankenstein*. © Cinestar.

Gelehrten hat, mit viel Geschick – in einem Verschlag der Universität von Ingolstadt und nicht in den Gewölbekellern eines mittelalterlichen Schlosses – Leichenteile zusammenfügt. Das Buch wurde jedoch so gut mit diversen Phantasiegebilden versehen, verdreht und ausgehöhlt, daß davon nur noch ein Wort – sein Titel – und eine Moral – Hütet euch vor den Wissenschaftlern! – übriggeblieben sind. Sein Verschwinden ist für die Entstehung des Mythos unabdingbar; erst wenn das ursprüngliche Werk nur noch ein leeres Gehäuse ist, kann man es mit dem gewünschten Inhalt füllen und so – paradoxerweise – seine Überlieferung für die Nachwelt sichern. Aus diesem Grund ist *Frankenstein* von Mary Shelley beispielhaft: Es handelt sich weder um ein Buch über die Macht der Wissenschaft noch um ein Werk der Phantasie.

Manch ein Leser hat sich sogar gefragt, ob es sich um ein Buch von Mary Shelley handelt. Tatsächlich besteht kein Zweifel daran, daß ihr Ehemann Percy Bysshe Shelley, der anarchistische Rebell und mittellose Erbe eines großen Vermögens, und Lord Byron[1], der zynische Don Juan und verfluchte Poet, dabei Pate gestanden haben, aber wie wir sehen werden, war nur die sanfte Mary in der Lage, das Buch zu schreiben. Der wissenschaftliche Vorwand für das Werk – ein Monster als Ausgeburt der vereinten Kräfte von Chemie und Elektrizität – stammt ganz offensichtlich von Shelley. Als begeisterter Leser von Erasmus Darwin (Charles Großvater), Voltaire, Diderot und anderen schwärmte er

1. Die Präsenz von Lord Byron in einer wissenschaftlichen Mythologie ist doppelt gerechtfertigt: Er hat der Geburt Frankensteins beigewohnt und, noch direkter, der von Lady Ada Lovelace, seiner ältesten Tochter, die die Assistentin von Charles Babbage, dem Pionier der Informatik, werden und einer Programmiersprache ihren Vornamen geben sollte.

für die Arbeiten von Humphrey Davy, der damals reine Substanzen durch Elektrolyse isolierte, auch von Faraday, Ørsted und Ampère, deren erstaunliche Experimente einen Zusammenhang zwischen der Elektrizität und dem geheimnisvollen Magnetismus herstellten, den viele Zeitgenossen als eigentliches Prinzip des Lebens betrachteten. Und er kannte das Experiment des Italieners Luigi Galvani, der 1791 (die Entdeckung machte er 1780 bzw. 1786, 1791 schrieb er darüber, Anm. d. Übers.) die »tierische Elektrizität« entdeckt zu haben glaubte: Er beobachtete, wie auf seinem Seziertisch, auf dem elektrische Maschinen standen, ein enthäuteter Frosch bei der Berührung mit einem Skalpell zu zucken begann.

Wenn es auch der ganzen Findigkeit eines Volta bedurfte, um das Phänomen zu erklären, Galvanis Theorie zu begraben und nebenbei noch die elektrische Batterie zu erfinden, so mangelt es diesem verblüffenden Experiment doch nicht an Symbolkraft für eine der ersten Verbindungen zwischen Physik und Biologie. Nun besaß Shelley schon in frühester Jugend eine elektrostatische Maschine, mit der er, seinen Biographen zufolge, seine kleinen Cousinen mit ihrem Einverständnis elektrisierte; dann fügte er seiner Sammlung ein Mikroskop, eine Vakuumpumpe und eine komplette Chemikerausrüstung hinzu. Der Einfall, den Froschkadaver durch einen in Einzelteile zerlegten menschlichen Leichnam zu ersetzen, kommt also eindeutig von Shelley, der wie jedermann damals zu Beginn des 19. Jahrhunderts die faszinierenden Fortschritte der Wissenschaft enthusiastisch begrüßte. Und trotzdem hätte er *Frankenstein* nicht schreiben können.

»Mit einer angstvollen Erwartung, welche um nichts der Todesfurcht nachstand, baute ich die Instrumente des Lebens rings um mich auf, um dem reglosen Körper, welcher da zu meinen Füßen lag, den lebensspendenden Funken einzuhauchen. Schon wies der Zeiger der Uhr auf die erste Stunde des Morgens. Der Regen klopfte in trostlosem Gleichmaß gegen die Scheiben, und meine Kerze war schon zu einem Stümpfchen heruntergebrannt, als ich in dem Geflacker der schon erlöschenden Flamme das ausdruckslose, gelbliche Auge der Kreatur sich auftun sah. Ein schwerer Atemzug hob ihre Brust, und ein krampfhaftes Zucken durchlief ihre Glieder.« Der junge Victor Frankenstein hat sich Mühe gegeben: Die Gliedmaßen sind in der rechten Proportion, die Haare glänzend schwarz und die Zähne weiß wie Perlen, doch »standen solche Vortrefflichkeiten im schaurigsten Kontraste zu den wäßrigen Augen, welche nahezu von derselben Farbe schienen wie die schmutzigweißen Höhlen, darein sie gebettet waren, sowie zu dem runzligen Antlitz und den schwarzen, aller Modellierung entbehrenden Lippen«.[1] Von einem unsäglichen Schrecken gepackt, verläßt Victor ein zweites Mal seine Kreatur und sucht über lange Monate hinweg Vergessen im Studium der orientalischen Dichter.

Auch das verwaiste, namenlose Monster macht sich ans Studium: Durch die Schlitze zwischen den losen Brettern einer armseligen Hütte, in deren Nähe es Zuflucht gefunden hat, studiert es die edlen Gefühle und das schlichte Glück einer vom Schicksal geschlagenen Familie, die das Monster am Ende braten wird (nicht um sie zu verspeisen: Es ernährt sich nur von Eicheln[2]), bevor es sich in die Schweiz aufmacht. Dort trifft es Victor wieder, der sich hartnäckig weigert, ihm eine Verlobte anzufertigen. Das Monster rächt

1. Zit. n. M. W. Shelly, *Frankenstein,* übers. v. Friedrich Polakovics, Frankf./M. (o.J.). A.d.Ü.

2. Mary und Shelley waren überzeugte Vegetarier.

sich systematisch, indem es, trotz der verzweifelten Fluchtversuche seines bedauernswerten Schöpfers bis in die hintersten Winkel Europas, einen nach dem anderen alle Menschen vernichtet, die er liebt. Gebrochen stirbt der unglückliche Victor am Ende einer letzten Verfolgungsjagd mit dem Hundeschlitten im arktischen Packeis. Da beschließt das Monster, das beim Leser große Sympathie weckt, genau am Nordpol den Feuertod zu sterben – ohne allerdings zu präzisieren, woher es das Holz nehmen will. Diese bemerkenswerte Geschichte ist ganz offensichtlich prophetisch: Man braucht nur die rächende Kreatur durch langlebigen radioaktiven Abfall oder genetisch manipulierte Bakterien, deren ökologische Auswirkungen man nicht kennt, zu ersetzen, um heute ebenso grauenvolle Monster zu finden.

Dennoch stellten sich wahrscheinlich weder Mary noch Shelley oder Byron so entsetzliche Dinge vor. Wenn *Frankenstein* etwas von einer Prohezeiung hat, dann auf eine andere Weise: Um sich davon zu überzeugen, braucht man sich nur die außergewöhnliche Geschichte »seiner« Autoren vor Augen zu führen, eine Geschichte, deren Wendungen ungleich vielfältiger und erstaunlicher sind als die des Romans. Der leidenschaftliche Idealist Shelley ist ein junger Rebell, den weder die Meister von Eton noch die von Oxford zu zähmen vermögen. Wegen seiner Aufmüpfigkeit und seiner atheistischen Ansichten von der Universität ausgeschlossen und von seinem Vater, dem Herrn Baronet, verstoßen, entführt er mit 17 Jahren die junge Harriet Westbrook, die er in Schottland heiratet, bevor er sie in Irland schwängert.

Ihrer schon bald überdrüssig, entbrennt er in (wechselseitiger) Liebe zu der schönen Mary Godwin mit den »haselnußbraunen Augen«; die Fünfzehnjährige ist die Tochter eines seiner geistigen Vorbilder, des Revolutionstheoretikers William Godwin und der berühmten Frauenrechtlerin Mary Wollstonecraft. Nach einer weiteren Entführung um vier Uhr morgens macht er sich zusammen mit Mary und ihrer Schwester Claire auf eine mühselige Rundreise durch (das vom Krieg verwüstete) Frankreich, die Schweiz, Deutschland und Holland. Mary verliert ihr erstes Kind, Claire vernarrt sich in den großen Byron, der des Inzests beschuldigt wird, und alle gehen ins Exil in die Schweiz; währenddessen bringt sich eine andere Schwester von Mary um, und Harriet wird ertrunken aufgefunden, beide Opfer von Shelleys vernichtendem Charme. Mehr denn je auf der Suche nach der Utopie, reist das infernalische Trio nach Venedig, wo die Tochter von Claire und Byron stirbt, nach Rom, wo Marys zweites Kind umkommt, und schließlich in die Toskana, wo der Leichnam von Shelley vor den Augen von Byron und Mary verbrannt wird, nachdem einer jener unvorhersehbaren Stürme, deren Geheimnis nur das Mittelmeer kennt, ihn an die Küste geworfen hat. Die Zeremonie hat nicht nur die Teilnehmer außerordentlich beeindruckt, sondern auch die Leser des Berichts, den einer von ihnen, Thomas Medwin, in seinen *Conversations de Lord Byron* darüber verfaßt hat. Ein in Italien noch erhaltenes Exemplar des Autors trägt an der Stelle, wo Byron und seine Freunde sich über den seltsamen Flug eines Brachvogels wundern, der über dem Scheiterhaufen seine Kreise zieht, wie die »guten Vögel« aus den griechischen Gesängen über den Leichen der Tapferen kreisen, die aufschlußreiche Randbemerkung eines italienischen Lesers: *Era il demonio!*

Die Selbstmorde, der Tod der Kinder, die überstürzten Fluchten, das Feueropfer... das alles hatte Mary fünf Jahre zuvor in ihrem erstaunlichen Roman vorausgesehen. Darin stellt sie nicht die Wissenschaft an den Pranger, sondern das zwischenmenschliche Frösteln, das zum Schluß die futuristische Mikrogesellschaft überkam, die sie mit Shelley und Byron zu bilden versucht hatte. Sicher, die außergewöhnliche Liebe zwischen Mary und Shelley schloß diverse Abenteuer ein, die auch prompt der Bannstrahl der Moral traf, während Byron selbst mit verschiedenen italienischen Gräfinnen beharrlich einen »strikten Ehebruch« praktizierte. Die biographische Interpretation jedenfalls hat den Reiz der Einfachheit: Der charmante und geniale Victor Frankenstein ist niemand anderer als der göttliche Poet Shelley selbst; das Monster ist das teuflische Duo, das er mit Byron bildete (»Wenn Byron spricht und Shelley nicht antwortet«, schrieb Mary, »ist das wie Donner ohne Regen.«) und dessen einziges Verbrechen darin besteht, daß es revolutionäre Theorien in einer Gesellschaft verwirklichen wollte, die zu akzeptieren sie überhaupt nicht bereit war. Mary ist die Autorin einer nur wenig romanhaften Autobiographie mit dem Titel *Frankenstein*, der wahrheitsgetreuen Geschichte eines grauenvollen Abenteuers, das sie allein vorwegnehmen und aufzeichnen konnte. Bei ihrer Rückkehr nach Genf im Jahr 1840 vertraute sie ihrem Tagebuch an: »Von da an war mein ganzes Leben nur ein irreales Trugbild. Die Schatten, die sich in dieser Szenerie versammelten, waren die Realität ...«

Auch die sonderbare Alchimie, die den Namen »Frankenstein« vom Namen des Schöpfers in den des Monsters umwandelt, erklärt sich von selbst: Beide sind ein und dieselbe Person, was Stevenson ein halbes Jahrhundert später mit seinem *Dr. Jekyll und Mr. Hyde* genau richtig verstehen wird. Die gefährliche Suche, die Shelley und Byron in ihre eigene Zerstörung trieb, findet heute, in einem Jahrhundert, das kaum noch an die Macht der Poesie glaubt und sozialen Utopien mit großem Mißtrauen begegnet, ihre einzige Entsprechung in einer Wissenschaft, die, vom wunderbaren

Erfolg zur vernichtenden Katastrophe, unerbittlich ihrer eigenen Negation entgegengeht.

Während *Frankenstein* das ganze 19. Jahrhundert, diese gesegnete Epoche der triumphalen Wissenschaftsgläubigkeit, mehr oder minder im Tiefschlaf verbrachte, tauchte er wie zufällig zwischen den beiden Weltkriegen wieder aus seinem Laboratorium auf, um die Kinosäle heimzusuchen, zu einer Zeit also, da die wahren Monster, die der wissenschaftliche Fortschritt hervorgebracht hatte, begannen, ihr wahres Gesicht zu zeigen... So wie die Entwicklung der Chemiewaffen mit einer denkbar humanitären Forschung begann und die Atombombe aus einer objektiven Erforschung der Geheimnisse der Materie entstand, so schimmert durch das zusammengenähte Gesicht des Monsters das schöne, besorgte Gesicht eines jungen Mädchens mit haselnußbraunen Augen. Diese bedrängende Dualität von der Schönen und dem Biest, vom Mädchen und dem Tod versetzt noch immer unsere geheimsten Ängste in Schwingungen.

## *Das fehlende Glied in der Kette*

Der Mythos ist unersättlich, sein Appetit vielfältig. Nicht zufrieden damit, Badewannen, Äpfel und sogar mathematische Formeln zu verschlingen, läßt er sich manchmal dazu hinreißen, sich von der Leere, der Abwesenheit, einem Mangel zu ernähren. Das berühmte Glied in der Kette, das heute noch genauso fehlt wie 1860, erhitzt seit gut einem Jahrhundert die Gemüter.

Darwin hat lange gezögert – über zwanzig Jahre –, bis er seine Abhandlung *Über die Entstehung der Arten,* das Hauptwerk der Evolutionstheorie, veröffentlichte. Man kann ihn verstehen: Wenige wissenschaftliche Theorien sind von so einschneidender Wirkung. Kam Laplace bei der Erstellung seines Weltsystems ohne die Hypothese Gott aus, so machte Darwin es noch besser (oder schlechter?), indem er die Nutzlosigkeit eines Schöpfers aufzeigte. Dem in Sachen aufsehenerregende Theorien bewanderten Dr. Freud zufolge hat Kopernikus dem Menschen das Privileg entzogen, im Zentrum des Universums zu stehen, und Darwin ihm jenes, Gegenstand eines besonderen Schöpfungsaktes zu sein. Noch seltener sind derart subtile wissenschaftliche Theorien. Zunächst handelt es sich weniger um eine geschlossene Theorie, als vielmehr um einen Komplex von Prinzipien verschiedener Art, der von der natürlichen Auslese bis zur allmählichen Umwandlung (fortschreitenden Veränderung einer bestimmten Population) und zur Behauptung einer gemeinsamen Abstammung aller gegenwärtig existierenden

*Die Person auf dem Tisch*: »Ich bin ein Mensch, Sir, was kann es mir da schon ausmachen, daß mein Urgroßvater ein Affenmensch war?«
*Die Andere*: »Nun…, es muß wohl eher für Ihre Großmutter unangenehm gewesen sein, finden Sie nicht?«

Zeichnung in *Punch*, 1873.

Arten reichte. In dieser zummindest vielfältigen Textsammlung liefen gewisse Ideen eindeutig der herrschenden Glaubensvorstellung zuwider. Außer dem auffälligen Fehlen eines göttlichen Schöpfungsaktes in *Über die Entstehung der Arten* mußte die graduelle Evolution vom Orang-Utan zum (weißen!) Menschen, der »herrschenden Rasse«, für Unruhe sorgen. Die Vorstellung von der Evolution als solcher lag in der Luft, aber eine derartige Vermischung von Gattungen und Arten war völlig unannehmbar.

Bereits 1799 schlug auch Charles White eine graduelle Evolution vor, die er die »große Kette der Lebewesen« nannte und die den Gedanken an eine Umwandlung von der Möwe zu den großen Affen und vom »Neger« oder »amerikanischen Wilden« zum Europäer nahelegte, keinesfalls aber vom Affen zum Menschen. Letzteren an seinen Platz zwischen den seelenlosen Tieren zurückzustellen war ein Sakrileg und stand gleichzeitig im Widerspruch zu einem Begriff, der das ganze 19. Jahrhundert über Furore machen sollte: dem des Fortschritts. Es empfahl sich also, diesen von Grund auf neuen Ideen so schnell wie möglich entgegenzuwirken, indem man sie auf gegnerisches Gebiet zog, wo sie ihre Schwächen deutlich sichtbar aufdecken mußten. Innerhalb einer einzigen Art ist die Evolution in Darwins Sinne tatsächlich leicht zu beobachten, von einer Art zur anderen ist sie jedoch viel schwieriger deutlich zu machen. »Wenn der Mensch vom Affen abstammt und die Evolution einen stetigen Verlauf nahm, wo sind dann die menschenähnlichen Affen und die affenähnlichen Menschen?« gaben Darwins Gegner prompt zu bedenken. Auf vermintem Gelände erkannte dieser an, daß »die deutliche Unterscheidung zwischen den einzelnen Arten und das Fehlen unzähliger Verbindungsglieder zwischen ihnen ein offensichtliches Problem darstellten«.

Außerdem betonte er, daß wir nur einen verschwindend geringen Teil der vorhandenen Fossilien kennen, ein Argument, das seine Widersacher keinesfalls befriedigen konnte, das dadurch aber nicht weniger richtig wird. Die heutigen Verfechter der evolutionären Synthese behaupten, daß die großen evolutionären Neuerungen innerhalb isolierter Populationen und in raschem Evolutionstempo aufgetreten sein müssen, was die Chancen, Fossile davon zu finden, zusätzlich verringert. Fest steht, daß trotz eines Jahrhunderts paläontologischer Entdeckungen die Glieder zwischen Mensch und Affe oder zwischen Schaf und Strauß noch immer fehlen, wobei die Lücken, die sie hätten füllen sollen, sogar merklich größer geworden sind.

Darwin bot zwar ein Pferd mit drei Zehen namens *Hipparion* an, das für die heutigen Pferde ein ansehnlicher Vorfahre gewesen wäre, ein *Zeuglodon*, das zwischen Fleischfresser und Wal schwankte, oder einen *Archäopteryx*, der ebenso Reptil wie Vogel war, aber nur letzterer hat den Schock der paläontologischen Studien mehr oder weniger überstanden. Offensichtlich war der von Darwin postulierte ruhige Fortbestand angeschlagen. Heute stößt er bei den »Saltationnisten« (den Verfechtern des evolutionären Sprungs) und den Anhängern der »punktierten Gleichgewichte« (des plötzlichen Aufblühens von Arten, deren größter Teil durch zufälliges Aussterben dezimiert wird) weitgehend auf Ablehnung; sie erklären, daß keine Glieder fehlen, sondern daß es eigentlich zu viele davon gibt. Welchen Arten könnte der Ornithorynchus als Bindeglied dienen? Und die Riesenwürmer *Riftia*, die, ohne Mund und Verdauungskanal, ihre zwei Meter Länge in 3000 Meter Tiefe wiegen? Und die etwa zehn berauschenden Tiere (von denen eins *Hallucigenia* heißt), die im Schiefer von Burgess in Britisch-Kolumbien gefunden wurden? Unter den überzähligen Gliedern schier zusammengebrochen, sind sich die Paläontologen heute darüber einig, daß es zwischen dem Menschen und der Jakobsmuschel nicht eine einzige Kette mit annähernd gleich großen Gliedern gibt, sondern eine Verästelung von Arten, die im unerbittlichen (und blinden) Rhythmus des großen Aussterbens einer konstanten Auslichtung unterworfen sind.

Es kommt nicht von ungefähr, daß die lange Kette der Lebewesen, jene für das Ende des (19.) Jahrhunderts typische mechanistische Analogie, von einer *ecologically* korrekteren pflanzlichen Metapher der Verästelung abgelöst wurde. Das fehlende Glied ist nämlich ein Sinnbild für eine Epoche und eine Gesellschaft – das viktorianische England –, die es unerträglich fand zu erfahren, daß ihre Lords, die doch soviel Sorgfalt auf ihre Stammbäume verwandten, dieselben Vorfahren hatten wie die kleinen Bauern von Worcestershire, die nur ihre Apfelbäume auslichteten, oder gar die Wilden in Afrika, die auf die Bäume kletterten. Von da an wurde die Suche nach dem fehlenden Glied zu einer Frage der Ehre…, die bereits beantwortet war. Denn der Urahne des Menschen kann, falls er überhaupt existiert, nur eine Bestie sein, ein Monster ohne die tausend Verfeinerungen des Geistes, die uns auszeichnen. Unter dem Vorwand, nach einem Ursprung zu suchen, ging es in Wahrheit darum zu beweisen, daß der Mensch auf gar keinen Fall von den Tieren abstammen kann. Das Glied mußte einfach fehlen, wollte es nicht zum Anstoß für eine grundlegende Überprüfung des Augenscheins werden: Auf der Spitze der Leiter aller Lebewesen thront der *Homo sapiens sapiens*, der, keiner weiß so recht wie, von einem Gott, der es seither bitter bereut, dorthin gesetzt wurde.

Alles schien verloren, als 1912 zwei Paläontologen, Charles Dawson und Pierre Teilhard de Chardin, in einem

Steinbruch in Piltdown, Cornwall, einen ziemlich affenähnlichen Schädel und einen ebensolchen Kiefer fanden. Glücklicherweise stammte der (menschliche) Schädel aus dem Mittelalter, während der Kiefer mit geschickt gefeilten Zähnen dem eines Orang-Utan nachgebildet war. Weitere Schreckensmeldung: der erstaunliche Coelacanthus, der 1938 bei den Komoren ins Netz ging, ließ aufgrund seiner Pfoten-Flossen und inneren Nasenlöcher den Mythos sofort wiederaufleben. Zum Glück erwies sich das lebende Fossil (allerdings nicht mehr lange – es gibt nur noch ungefähr zweihundert Exemplare) einmal mehr als ein ergebnislos verlaufener Versuch der Evolution. Das legendäre Glied in der Kette ist jedoch noch längst nicht am Ende seiner Karriere, wirft doch jede Entdeckung eines Zahns, eines Oberkiefers oder einer Kniescheibe von Hominiden die anfängliche Frage wieder auf: Ist das neue Fossil ein direkter Vorfahre oder ein Seitenzweig unseres Stammbaums?

Die einzigen wahren fehlenden Glieder finden sich letztlich in der Literatur. In *The Lost World* von Conan Doyle, auf *Dr. Moreaus Insel* von Herbert George Wells oder in *Der seltsame Fall des Doctor Jekyll und des Herrn Hyde* von Robert Louis Stevenson. Nachdem es das Feld der Wissenschaft verlassen hat, ist das Glied in der Kette ein wirklich wertvoller dramatischer Impuls geworden – die Suche nach dem Schuldigen ersetzt die nach dem Ursprung. Die Britin Gillian Beer, die die Geschichte des fehlenden Gliedes erforscht hat, deutet sogar an, es könnte zur Entstehung der Kriminalliteratur geführt haben. Sollte der Mythos also verschwunden sein? »Mitnichten«, erwidern, ins Glied zurückgetreten, die Anti-Evolutionisten, die sich eifrig bemühen, ihn zu neuer Blüte zu bringen, indem sie behaupten, die Evolutionstheorie selbst sei eine Legende: »Man hätte erwarten können, daß eine so wichtige Theorie, eine Theorie, die buchstäblich die Welt verändert hat, etwas anderes ist als eine metaphysische Spekulation (...). Im Grunde genommen ist die Darwinsche Evolutionstheorie nicht mehr und nicht weniger als der große kosmogonische Mythos des 20. Jahrhunderts«, schreibt der australische Genetiker Michael Denton.

... Merkwürdiges Urteil aus der Sicht eines Genetikers, der doch wissen müßte, daß der große Mythos des ausgehenden 20. Jahrhunderts der der Genetik ist. Denn vom Glied in der Kette sind wir zum Genom übergegangen, dieser langen Kette von Aminosäuren, die in jedem unserer Zellkerne aufgerollt ist und deren Anordnung, so sagt man uns, alle Geheimnisse des Lebendigen enthält. Ob es den Molekularbiologen in ihrem Glauben an die Allmacht der DNA nun aber paßt oder nicht, der Gedanke, daß die Sequenzanalyse des menschlichen Genoms, seine Gen für Gen (Glied für Glied) vorgenommene Entschlüsselung, uns alles enthüllen könnte, was wir über unsere Ursprünge wissen wollen, ist genauso naiv wie die Hypothese von Charles White. Jedenfalls scheint ihr dasselbe Schicksal beschieden, da sie ja bereits zu einem dramatischen Impuls ersten Ranges geworden ist, wie der Erfolg von *Jurassic Parc* belegt. Allerdings ist zu beachten, daß sein Autor Michael Crichton sich für Dinosaurier entschieden hat, statt unseren Großvater Australopithecus mit seiner Angebeteten Lucy zu neuem Leben zu erwecken. Die meisten von uns haben sich zwar – widerwillig – damit abgefunden, daß der Mensch von den Tieren abstammt, aber die Tatsache, daß wir uns geweigert haben, einen von Hominiden bevölkerten Pliozän-Park in Erwägung zu ziehen, zeigt, daß das Problem des fehlenden Glieds in der Kette noch weit von einer Lösung entfernt ist.

# *Der Maxwellsche Dämon*

Wie lautet die chemisch-physikalische Zusammensetzung der Hölle? Einem Priester, der um 1902 eine »wissenschaftliche Antwort« auf diese schwerwiegende Frage verlangt, antwortet *L'Ami du clergé* (»Der Freund des Klerus«), eine zum Kampf gegen die Freimaurerei gegründete Zeitschrift, etwas verlegen: »Es muß ein Gesetz geben, aber Gott hat es nicht offengelegt, denn es gehört nicht zu seinen Gewohnheiten, uns wissenschaftliche Formeln aufzudecken, die für unser Verhalten völlig unnütz sind.«

Am Beginn dieses 20. Jahrhunderts entgeht selbst die Hölle nicht jener Behauptung, auf der die moderne Wissenschaft fußt: Es gibt Naturgesetze. Und als der besorgte Priester seine Frage stellt, scheinen diese berühmten Gesetze bis auf einige Einzelheiten alle formuliert zu sein. Man weiß noch nicht, daß Max Planck soeben, ohne es zu ahnen[1], das heikle Quantenthema berührt hat, indem er die Diskontinuität ins Herz der Materie einführte. Man ist im Gegenteil, genau wie Philipp von Jolly, Plancks Professor an der Münchner Universität, der seinem Schüler übrigens von einer akademischen Laufbahn abrät, der Meinung, daß die theoretische Physik mit der Thermodynamik abgeschlossen ist und die Welt fortan keine Rätsel mehr zu lösen

1. Genaugenommen ist Planck der Auffassung, daß der Energiewechsel zwischen Materie und Strahlung durch Quantenpakete erfolgt, die nicht unbegrenzt teilbar sind.

Der Maxwellsche Dämon (»mit seiner langen Nase, seiner olivfarbenen Haut und seinen grünen Augen«) zieht Maud mit sich an die Oberfläche des Whiskyglases ihres Gatten, Mr. Tompkins. Die Kugeln sind Wassermoleküle, die Ellipsoide Alkoholmoleküle, und die Wand im Hintergrund gehört zu einem Eiswürfel. Unter Zuhilfenahme eines Tennisschlägers wird der Dämon die Moleküle sortieren bis der Whisky kocht.

Zeichnung des Autors George Gamow aus seinem Buch *Tompkins explore l'atome* (»Tompkins erforscht das Atom«), 1945.

hat. Von der Planetenbewegung bis zu den elektromagnetischen Wellen scheint alles mit den Newtonschen Gesetzen und den Maxwellschen Gleichungen erklärbar zu sein.

Die einen wie die anderen scheinen die Vision eines vom Determinismus beherrschten Universums zu bieten; eine gewaltige Uhr, in der jede Wirkung mechanisch mit einer Ursache verbunden ist. In seinem 1814 erschienenen Werk »Philosophischer Versuch über die Wahrscheinlichkeit« hatte der Marquis Pierre Simon de Laplace seinen Zeitgenossen bereits eine Darstellung geliefert, die für lange Zeit die Wissenschaft des 19. Jahrhunderts zusammenfassen sollte. Er schrieb darin, daß ein Geist, der die Lage und die Geschwindigkeit aller Massen im Universum kennt, deren Vergangenheit rekonstruieren und deren Zukunft perfekt voraussagen könnte. In der Newtonschen Mechanik entsprechen Zukunft und Vergangenheit einander tatsächlich, da man ja die Richtung der Zeit umkehren kann, während man die Gleichungen unverändert beibehält.

Und Gott in all dem? Auf Napoleons Frage, warum er in seiner *Exposition du système du monde (Darstellung des Weltsystems)* den göttlichen Schöpfer nicht erwähnte, antwortete Laplace stolz: »Diese Hypothese brauche ich nicht, Sire.« Mit dem Philosophen Bachelard möchte man ihm erwidern, daß »die Hypothese eines Mathematikers, der eine Formel zur Vereinigung von Vergangenheit und Zukunft aller Bewegungen besitzt, ein Ersatz für die Hypothese von Gott ist«. Abgesehen davon, daß der »Geist«, von dem er sprach, schnell zum »Laplaceschen Dämon« umgetauft wird, so als röche die Vorstellung von der absoluten Erkenntnis schon auf hundert Apfelbäume Entfernung nach ihrer Schlange. Auf das Lamento des Goetheschen Faust: »Daß ich erkenne, was die Welt im Innersten zusammenhält...« entgegnet der Marquis, übrigens ein Zeitgenosse des großen Mannes, ohne Zögern, daß das im Prinzip möglich ist, allerdings unter der Bedingung, daß man erstens einen Dämon kennt (da lag Faust richtig) und zweitens vor allem den Gedanken akzeptiert, daß, wenn eine Formel erlaubt, die Bewegung jedes Atoms zu erfassen, alles daraus abgeleitet werden kann, da sich die komplexen Systeme ja auf die Summe einfacher Systeme reduzieren lassen.

Das war natürlich alles sehr illusorisch. In der Astronomie erhält man schon keine exakten Lösungen mehr, sobald mehr als zwei Gestirne im Spiel sind. Hinzu kommt, daß heute jeder beliebige Mathematiker beweisen kann, daß der Determinismus und die Umkehrbarkeit der Dynamik nur in sehr einfachen Fällen relevant sind. Schließlich, so schreiben Ilya Prigogine und Isabelle Stengers in ihrem *Dialog mit der Natur*, »gibt es in der Welt, die der Laplacesche Dämon betrachtet, weder Komplexität noch Geschichte. Die Natur, wie sie die klassische Dynamik voraussetzt, leidet an Gedächtnisschwund und ist gleichzeitig vollkommen durch ihre Vergangenheit determiniert«. Aber im 19. Jahrhundert (und man wird sehen, daß der Dämon sogar heute noch mehr als einen Trick auf Lager hat) kommt der Laplacesche Determinismus dem Zeitgeist entgegen: Eine gute Gleichung ist jeder Kristallkugel vorzuziehen.

Und genau in diesen Kontext dringt in der siegessicheren Physik jener Zeit plötzlich ein zweiter Dämon ein. Die Büchse, aus der er auftauchen wird, stammt aus der Werkstatt von Carnot, Clausius, Mayer und ein paar anderen: Es ist die Thermodynamik. Insbesondere der zweite Hauptsatz besagt, daß Arbeit zwangsläufig mit einem Energieverlust einhergeht. Diesem Abbau der Energie in Form von Wärme entspricht eine Zunahme der Entropie, das heißt der Unordnung des Systems: Auf das Universum bezogen bedeutet der zweite Hauptsatz, daß es unaufhaltsam seinem »Wärmetod« entgegenstrebt, indem all seine mechanische Energie am Ende in Wärme übergeht. Zunächst scheint die Thermodynamik den Determinismus zu stärken, hat doch das Universum selbst eine komplett vorgezeichnete Zukunft. Aber wie läßt sich die Umkehrbarkeit der Newtonschen Mechanik mit der Irreversibilität der Thermodynamik vereinbaren? Auf der einen Seite scheint die Irreversibilität in völligem Einklang mit unserer Alltagserfahrung zu stehen: Der Embryo wird zum Baby, das Baby zum Mann, und die Richtung ist nicht umkehrbar... Andererseits scheint die biologische Irreversibilität eher im Widerspruch zum zweiten Hauptsatz der Thermodynamik zu stehen, der besagt, daß die Unordnung in einem System zunimmt, während die hochentwickelten Organismen sich im Laufe der Zeit nicht zurückentwickeln.

Dieses Paradox der Zeit – das auf der Tatsache beruht, daß die Lebewesen keine »isolierten Systeme« sind und folglich nicht dem zweiten Hauptsatz unterliegen – stimmt manche Physiker nachdenklich. James Clerk Maxwell, der Begründer des Elektromagnetismus, sucht nun nach einem Mittel, um den zweiten Hauptsatz in Schach zu halten. Er stellt sich einen Kasten vor, der in zwei durch eine Schleuse verbundene Kammern aufgeteilt ist; das in dem Kasten befindliche Gas besteht aus sich unterschiedlich schnell bewegenden Molekülen. An der Verbindungsstelle zwischen den beiden Kammern spielt ein Dämon (diesmal ist es Lord Kelvin, der Maxwells kleines Wesen zum Teufelchen machen wird) den Schleusenwärter und öffnet das Tor, sobald er ein schnelles Molekül auf die linke oder ein langsames auf die rechte Kammer zusteuern sieht. Schließlich, erklärt Maxwell, wird eine der Kammern ein zunehmend heißeres (aus schnellen Molekülen bestehendes) Gas und die andere ein immer kälteres (aus langsamen Molekülen bestehendes) Gas enthalten, und das – im Widerspruch zum zweiten Hauptsatz – dank »der Intelligenz eines hellsichtigen und aufmerksamen kleinen Wesens«.

Erst viel später in einem Vortrag unter dem Titel »Die Wissenschaft und der freie Wille« erläuterte Maxwell den ehemaligen Cambridge-Studenten, daß nur die Erklärungen der Dynamik vollkommen deterministisch sind. Man wird sich aber gedulden müssen, bis die Physiker Leo Szilard und dann 1950 Léon Brillouin das Maxwellsche Paradox aufheben: Die Beschaffung von Information, so wird Brillouin erklären, bedeutet einen Energieaufwand. Das vom Maxwellschen Dämon erworbene Wissen zieht also eine Zunahme der Entropie nach sich. »Der Dämon ist schon ziemlich alt, es ist Zeit, ihn in den Ruhestand zu schicken«, wird Brillouin vergnügt schließen. Er gehört jedoch noch längst nicht zum alten Eisen, auch wenn er kaum noch in amtlicher Mission erscheint. Die phantastische Vorstellung von einem Universum, das sich durch einfache, mathematische und allgemeine Gesetze erklären läßt, taucht immer wieder auf, und mit ihr der Gedanke, daß es den Wissenschaftlern in absehbarer Zeit gelingen wird, die letztgültige Theorie aufzustellen. »Es wird nur noch wenige Jahre dauern«, meinte Francis Bacon um 1600, »bis die Geheimnisse des Universums endgültig aufgedeckt sind.« Ein Satz, der sein Echo im Jahr 1980 findet, als der Astrophysiker Stephen Hawking seine Antrittsvorlesung auf dem Newton-Lehrstuhl der Universität Cambridge der Frage widmet: »Hat die theoretische Physik ihr Ende erreicht?« Eine bewußt provokante Formulierung, die aber eindeutig der wissenschaftlichen Vorstellungskraft entspringt. Und wenn man sich die Mühe machen will, ihn zu suchen, dann wird man unseren Dämon auch, durchaus noch gut beieinander, in der Nähe der Molekularbiologie und der Genetik finden. Ihm war die Ehre zuteil geworden, in einer Kapitelüberschrift des Bestsellers von Jacques Monod, *Zufall und Notwendigkeit,* aufzutauchen, aber er betätigt sich auch bei all denen, die der Idee eines biologischen Determinismus anhängen: Mitte der siebziger Jahre hatte E.O.Wilson, ein Ameisenspezialist, einen Wälzer unter dem Titel *Sociobiology: The New Synthesis* geschrieben; nach einer äußerst gründlichen Analyse der Insektensozietäten wagte er am Ende des Buches einen vergleichenden Abstecher auf die Seite der Menschen. Ob er wollte oder nicht, er schlug damit eine Bresche für die »Soziobiologen«, die ihre Theorien um die einfache Vorstellung herum entwickelten, da der Mensch durch die Gene determiniert ist und die Gesellschaft durch den Menschen, determinieren die Gene die Gesellschaft. Eine Vorstellung, die in den USA noch weit verbreitet ist, geht man von den Forschergruppen aus, die sich mit Feuereifer in die Suche nach den Genen der Gewalt, der Homosexualität, ja sogar der Intelligenz stürzen. Wenn beim Verhalten die Gene auch sicher eine Rolle spielen, so läßt es sich wohl doch nicht auf die Manifestation eines Gens reduzieren.

Aus diesem Grund tragen unsere Dämonen, die eher wie Figuren von Tex Avery wirken, eine faustische Begeisterung für die Wissenschaft zur Schau. Ihnen, den Wissenschaftlern also, möchte man das Wort des Mephisto in den Mund legen: »(Ich bin) ein Teil von jener Kraft, die stets das Böse will und stets das Gute schafft...« Bei der Suche nach dem letzten Gesetz ewig von Mißerfolg heimgesucht und in ihren Entdeckungen ewig von Erfolg gekrönt.

## *Der Fortschritt läßt sich nicht aufhalten*

»Vor knapp fünfzig Jahren«, schreibt Léon Bloy um 1901, »führte in den Prüfungen kein Weg an der Finsternis des Mittelalters vorbei. Ein junger Bourgeois, der Zweifel an dieser Stockfinsternis geäußert hätte, hätte keine Frau gefunden.« Heute wird das »neue Mittelalter« verkündet. Ein Absolvent der berühmten Ecole nationale d'administration, der dieser Perspektive skeptisch gegenüberstünde, würde wahrscheinlich in der mündlichen Abschlußprüfung durchfallen. So behauptet der Politologe Alain Minc in einem gleichnamigen Buch, daß im Mittelalter der einzelne mit der Hilfe Gottes und dem Rückhalt in seiner Gemeinschaft gegen eine Welt ohne Aussicht auf Fortschritt gewappnet war. Diese Bezugspunkte wurden Minc zufolge im 20. Jahrhundert durch den Fortschrittsmythos und die Neuzeit, mit denen der Mensch sich identifizierte, ersetzt. Die Agonie dieses Mythos ist es, so der Autor weiter, die uns in ein neues Mittelalter zurückwirft.

Handelt es sich hierbei um eine Voraussage oder um eine Feststellung? Umberto Eco untersuchte 1972 diese damals heiß diskutierte Frage in einem Artikel in *L'Espresso*. Er wies darauf hin, daß der Begriff Mittelalter zwei deutlich voneinander getrennte Phasen bezeichnet: Die erste reicht vom Fall des Römischen Reiches und den Krisen, Niedergängen und kulturellen Erschütterungen bis zum Jahr 1000, die zweite vom Jahr 1000 bis zu den Humanisten. Zahlreiche Historiker sind der Auffassung, daß diese Perioden drei

»Ein verrücktes Viertel.«

Zeichnung von Albert Robida aus seinem vorausschauenden Werk *Le Vingtième Siècle* (»Das 20. Jahrhundert«), 1883. © Roger-Viollet

Renaissancen umfassen, nämlich die Karolingische, eine weitere zwischen dem 11. und dem 12. Jahrhundert, und die dritte, die man gemeinhin unter dem Namen Renaissance versteht. Es sei klar, fuhr Eco fort, daß der Vergleich zwischen einem präzisen historischen Moment (der Gegenwart) und einer Periode, die sich über mehr als tausend Jahre erstreckt, nicht statthaft sei.

Um so mehr, als das Mittelalter auf seine Weise durchaus den Fortschrittsgedanken in sich trägt, nämlich in der Hoffnung auf ein goldenes Zeitalter, das der Wiederkehr Christi auf Erden, und in dem Gefühl einer ständig sich vervollkommnenden geistigen Natur. Der griechisch-jüdische Ursprung dieses Gedankens wurde zum einen durch den Messianismus, zum anderen durch die Struktur der Erkenntnis auf das Christentum übertragen: Die Zeit des Hl. Augustinus ist linear, und die Menschen seines Gottesstaates mehren nach und nach ihr Wissen. Als acht Jahrhunderte später die Stimme des Bernhard von Chartres sich erhebt, bringt sie den Glauben an den Fortschritt der Menschheit zum Ausdruck: »Wir sind Zwerge auf den Schultern von Riesen. So sehen wir mehr und weiter als sie, aber nicht, weil unsere Augen schärfer oder wir größer wären, sondern weil sie uns durch die Lüfte tragen und uns über ihre gewaltige Größe erheben.« Das berühmte Bild (das Isaac Newton später für sich in Anspruch nehmen wird) verdeutlicht nach Ansicht des Historikers Jacques Le Goff »die Bedeutung des kulturellen Fortschritts. Kurz und bündig: die Bedeutung des Fortschritts der Geschichte«.

Bei der Frage, die uns beschäftigt – liegt der Fortschritt in den letzten Zügen? –, ist die negativ verstandene Korrelation zum Mittelalter dennoch mehr als nur ein Gedankenspiel. Sie hat Anteil am Mythos, da sie implizit die dunklen Zeitalter den lichten Jahrhunderten der Aufklärung gegenüberstellt, das Chaos einer zusammenbrechenden Welt der neuen harmonischen Ordnung, die unter dem unwiderstehlichen Druck des Fortschritts auftaucht. Als Synthese der Vergangenheit und Voraussage der Zukunft[1] beruht er auf einer Interpretation der Geschichte, nach der die Gesellschaft langsam aber sicher und ohne Ende in die gewünschte Richtung fortschreitet.

Zwischen 1750 und 1900 wird der Gedanke sich voll entfalten. Zunächst im Zeitalter der Aufklärung, unter verschiedenen Einflüssen, die Turgot, den Finanzminister Ludwigs XVI., ebenso einbegreifen wie den Marquis de Condorcet, den schottischen Philosophen Adam Smith oder den Grafen von Saint-Simon. Im Geist der Zeit tritt der Fortschritt nach und nach an die Stelle der Vorsehung. Ja mehr noch, er gesellt sich zu den Ideen der Freiheit und der Gleichheit: Am Horizont erscheint eine bessere Gesellschaft, die wahrscheinlich, wie in der Anfang des 17. Jahrhunderts von Francis Bacon entworfenen Utopie *Nova Atlantis*, von Wissenschaftlern regiert wird.

Denn für einen Condorcet beispielsweise ist der Weg, der zu diesem goldenen Zeitalter führt, offensichtlich mit der Wissenschaft gepflastert. Alle politischen und moralischen Irrtümer, so lautet im wesentlichen seine Aussage, fußen auf philosophischen Irrtümern, die ihrerseits von wissenschaftlichen Irrtümern herrühren. Wenn man also aus der Kenntnis der Gesetze heraus die Phänomene vorausbestimmen kann, so kann man aus der Kenntnis der Geschichte des Menschen sein Schicksal vorhersagen. In jener Epoche verstand man die Wissenschaft als Suche nach Erkenntnis. Selbstverständlich ist diese Suche uneigennützig; und

1. Nach der Definition von J. B. Bury in seinem Buch über den Fortschritt (1920).

genauso selbstverständlich verschreiben sich jene, die sie in Angriff nehmen, mit Leib und Seele der Sache der Wahrheit im Kampf gegen den Aberglauben.

Den Impuls zu ihrem Modell gab wahrscheinlich die legendäre Gestalt Galileis und sein Prozeß, aus dessen mythischer Version man noch weiß, daß er dem Gelehrten die Gelegenheit gab, die berühmten Worte *Eppur, si muove* – »Und sie bewegt sich doch« ... zu sprechen. Man stellt ihn sich gerne vor, wie er, griesgrämig und schelmisch zugleich, seinen purpurgewandeten Inquisitoren heimlich den Mittelfinger zeigt, während sie von ihm verlangen, er solle seinen kopernikanischen Vorstellungen von der Bewegung der Erde abschwören. Daß Galilei diese Worte am Ende seines Prozesses nicht gesprochen hat, ist eine Sache, daß die Kirche mit ihrem Dogmatismus zu einem Schulterschluß zwischen Freidenkertum, Unabhängigkeit, ja sogar Widerspruchsgeist, Rationalismus und wissenschaftlicher Untersuchung beigetragen hat, ist eine andere, unbestreitbare. Seit dieser Zeit ist der Fortschritt ein für allemal in der Wissenschaft verwurzelt.

Im 19. Jahrhundert annektiert der Fortschritt die revolutionäre Trilogie Freiheit, Gleichheit, Brüderlichkeit, und wird zur beherrschenden Idee, die auf wissenschaftlichem Weg das triumphale Fortschreiten der Menschheit hin zu einer besseren Gesellschaft garantiert. Mit Auguste Comte und seinem Gesetz des Fortschritts (die Liebe als Prinzip, die Ordnung als Grundlage und der Fortschritt als Ziel) kommt die Idee einer zwangsläufig günstigen sozialen Evolution auf. »Der Fortschritt ist ein Gesetz des Lebens«, verkündet der Soziologe Herbert Spencer. Fortschritt, Evolution? Für den Geologen Charles Lyell wie für Charles Darwin sind die Wörter synonym und bedeuten schrittweise Veränderung. Für Gobineau (sein *Versuch über die*

*Ungleichheit der Menschenrassen* erschien 1901) müssen Fortschritt und Evolution die überlegene (arische) Rasse dazu führen, daß sie die Erde beherrscht. In diskreterer Weise veröffentlicht John Stuart Mill 1859, zur gleichen Zeit wie Darwin seine Abhandlung *Über die Entstehung der Arten,* seinen Essay *Die Freiheit (dt. 1945).* Darin plädiert er für ein einfaches Prinzip der Freiheit in der Achtung vor dem Nächsten, das jedoch für die körperlich und geistig Kranken sowie für bestimmte »zurückgebliebene Rassen« nicht gelten soll. Mill, für den der Determinismus das große Gesetz der Natur darstellt, predigt den Fortschritt besser als irgend jemand sonst, allerdings nicht unbedingt für jedermann.

Doch nicht alles, was sich in diesem Jahrhundert oft im Glanz der Erfindungen und Entdeckungen sonnt, ist rosig. Wenngleich nicht zahlreich, sind die Kritiken darum nicht weniger scharf. Die industrielle Revolution nimmt ihren Lauf und läßt viele Menschen stranden, während in ihrem Kielwasser die Wissenschaftsideologie ohne großes Aufsehen ihren Weg findet. Beispielhaft für diese neue Geisteshaltung ist der deutsche Physiker Helmholtz, der zwar betont, daß die Wissenschaftler zur Suche nach der Wahrheit berufen sind, 1893 aber auch – etwas widerwillig – anerkennt, daß die Wissenschaft »durch Zufall« gesellschaftlichen Nutzen abwerfen kann. Der Fortschrittsgedanke findet seinen Höhepunkt mit Teilhard de Chardin, der sich überzeugt gibt, »daß die so gespaltene Menschheit über der Idee des Fortschritts und des Glaubens an den Fortschritt wieder zusammenfinden wird«. Doch dann bricht der Erste Weltkrieg aus, und mit ihm gerät der Westen geradewegs, wie Paul Valéry 1924 schreibt, in eine »Welt, die unter dem Begriff Fortschritt ihren Hang zu einer verhängnisvollen Präzision versteht«. Die Wissenschaft wird auf

Teufel komm raus industrialisiert, und die wissenschaftlichen Kreise passen sich an. Einstein wird am Ende des Krieges sagen, für die Mehrzahl der neu Hinzugekommenen »hängt es von den Umständen ab, ob sie Offiziere, Kaufleute oder Wissenschaftler werden«. Die Trennungslinie zwischen der »Akademie«, die den grundlegenden Problemen vorbehalten ist, und den technischen und praktischen Problemen der Umsetzung verwischt sich nach und nach.

Von da an gilt der Fortschritt nicht mehr automatisch als eine Wohltat, sondern als eine menschliche Unternehmung, die wie jede andere dem Irrtum und dem Zweifel, der Dummheit und der Korruption unterliegt, wie man dort sieht, wo die Wissenschaft mit dem Gemetzel dieses »Kriegs der Chemiker« verbunden ist. Dennoch hält sich die Vorstellung. 1933 präsentiert sich die Weltausstellung in Chicago unter dem Titel »Ein Jahrhundert des Fortschritts« und trägt über ihrem Eingang das stolze Motto »Die Wissenschaft findet, die Industrie wendet an, der Mensch heißt es gut«. Ein Optimismus, der vom Zweiten Weltkrieg, dem »Krieg der Hexenmeister« (wie man ihn unter Anspielung auf die Entwicklung der Radarsysteme und der Elektronik genannt hat), und von Hiroshima überrollt werden wird. Der Fortschritt, so ahnt man nun jenseits der intellektuellen Zirkel, gerät auf unsicheres Terrain. Das macht sich um so stärker bemerkbar, als mit der Quantenphysik der Indeterminismus den weisen Laplaceschen Determinismus zu untergraben begonnen hat. Die Wissenschaft zieht sich wohlweislich auf eine neutrale Haltung gegenüber ihrer sozialen Verantwortung zurück, und kaum einer findet sich mehr, der, wie früher obligatorisch, den technisch-wissenschaftlichen Fortschritt mit dem Fortschritt der Menschheit in Verbindung bringt. Nun muß man allerdings sagen, daß diese Position auch unhaltbar wird: Mit Contergan, Love Canal[1], Bhopal und Tschernobyl wird ein Rosenkranz von Katastrophen hergebetet, die das leuchtende Bild, das man sich bisher vom Fortschritt machte, trüben. Nach unserem Verständnis hat das objektive Wissen, aus dem man unablässig zu schöpfen hoffte, immer weniger mit einem Füllhorn gemein, dafür um so mehr mit der Büchse der Pandora.

Heute bemühen sich die Staatschefs, »den Auswirkungen einer gewaltigen wissenschaftlichen und technischen Revolution, die die Berufe von Millionen von Arbeitern völlig verändert haben, entgegenzutreten[2]«, womit sie auf subtile Weise den Fortschritt als den neuen Feind bezeichnen. Vom Wirtschaftskrieg bis zur Bekämpfung von AIDS oder der Duchenne-Krankheit (progressive Bulbärparalyse) und zum wissenschaftlichen Durchbruch (*breakthrough*) zieht man fortan in den Kampf, um das Wissen zu beherrschen. Diese Vision ist um so paradoxer, als das Schlüsselwort heute nicht mehr Wissen, sondern Anwendung der Forschung oder, besser: Innovation heißt. Welche Innovationen, spielt im übrigen keine Rolle, denn es verfügt ohnehin niemand über den nötigen Scharfblick, um ein globales Ziel zu definieren – abgesehen von der düsteren Einschätzung, daß der Fortschritt sich nicht aufhalten läßt.

»Keine Gesellschaft gedeiht«, sagte Tocqueville, »keine

1. 1978 wurde die Gemeinde Love Canal im US-Bundesstaat New York aufgegeben, weil eine ungewöhnlich große Zahl von Krebserkrankungen und Fehlgeburten ans Licht kam. Eine Chemiefirma hatte hier seit den späten 40er Jahren hochgiftige Chemikalien deponiert. Es hatte 30 Jahre gedauert, bis diese Giftstoffe an die Oberfläche vorgedrungen waren und den Boden sowie das Grundwasser verseuchten. Zit. n. *Gaia, der Öko-Atlas unserer Erde, Frankf./M. 1985*. A.d.Ü.

2. Aus einer Rede von François Mitterrand.

Gesellschaft existiert ohne Dogmen.« Ohne Mythen, würden wir hier sagen: Der des Fortschritts krankt sicher daran, daß er seine ursprüngliche Unbefangenheit verloren hat. Schließlich bedeutet das lateinische *progressio* eine »Entwicklung auf die Tugend hin«.

# *Kekulés Schlange*

Das Benzol hat einen merkwürdigen Geruch; es ist eine eher stechende, ja sogar krebserregende Flüssigkeit, die mit eindrucksvollen schwarzen Rauchschwaden verbrennt und deren Formel, so erfahren wir aus den Handbüchern, $C_6H_6$ lautet, wobei die sechs Kohlenstoffatome ein regelmäßiges Sechseck – den »Benzolring« – bilden. Neben anderen bemerkenswerten Eigenschaften (wie z. B. der, Grundsubstanz einer Unmenge von Farbstoffen, Insektiziden, Spreng- und Kunststoffen zu sein) will es der Zufall, daß es genauso transparent ist wie Glas: Ein in Benzol getauchter gläserner Gegenstand wird vollkommen unsichtbar! Zudem ist die Geschichte dieser gleichsam magischen Flüssigkeit eher ungewöhnlich. Die Aufdeckung seiner Struktur Mitte des 19. Jahrhunderts erregte einiges Aufsehen und läßt uns noch heute aufhorchen. Stellen Sie sich vor: Sie wurde im Traum entdeckt!

> Ich drehte meinen Stuhl zum Feuer und fiel in einen Dämmerschlaf. Wieder tanzten die Atome vor meinen Augen. […] lange Ketten, oft enger miteinander verbunden, waren alle in Bewegung, ineinander verschlungen wanden sie sich wie Schlangen. Aber Achtung, was war das? Eine der Schlangen hatte ihren eigenen Schwanz gepackt und drehte sich vor meinen Augen spöttisch im Kreis. Blitzartig schreckte ich hoch […].

Für die Anhänger des Okkultismus ist die Schlange Uroboros das Symbol der ewigen Wiederkehr, für schlafende Chemiker das des Benzolrings.
Bibliothèque nationale de France, Paris. © BNF, Paris

Der Mann, der soeben die Benzolformel, die seine Kollegen seit Jahren suchen, im Halbschlaf »gesehen« hat, heißt Friedrich August Kekulé. Zu einer Zeit (1865), da die Chemiker sich mit der Frage herumschlagen, ob die Atome tatsächlich existieren oder nur ein theoretisches Gebilde sind, hat Kekulé seine Entscheidung getroffen: Die Atome existieren nicht nur, nein, er sieht sie auch noch ununterbrochen im Traum, vor seinem geistigen Auge. Das ist nämlich nicht sein erster Versuch. Sieben Jahre zuvor hat er bereits Atome herumhüpfen sehen, als er mit dem Bus durch London fuhr. Daraus hatte er geschlossen, daß Kohlenstoffatome sich zu langen Ketten zusammenschließen können – was im Verein mit der Vierwertigkeit dieser Atome die Grundlage für die organische Chemie bildete. Diese Wissenschaft erzielte Ende des 19. Jahrhunderts beachtliche Erfolge, da sie es – endlich – möglich machte, organische Substanzen zu synthetisieren, und zugleich bewies, daß der »Lebenshauch«, von dem man glaubte, er sei notwendig, um die Organismen zu beleben, im Grunde überflüssig war.

Man kann sich darüber wundern, daß die Chemiker genau zu der Zeit von der Kette zum Ring übergingen, als die Fahrradtretkurbel erfunden wurde; der erste Kettenantrieb stammt aus dem Jahr 1869... Weniger überrascht wird man das Auftauchen einer Schlange zur Kenntnis nehmen, die zusammen mit Newtons Apfel ein sehr idyllisches Bild abgibt. Aber ganz im Ernst, man könnte meinen, daß nun, da der göttliche Ursprung des Lebens überflüssig wurde, all jene, die mehr an Gott als an die Atome glaubten, diese chemischen Thesen mit ihrem starken Schwefelgeruch energisch bekämpfen würden, zumal der Begründer der organischen Chemie selbst einen typisch esoterischen Traum gehabt hatte. Die Schlange, die sich in den Schwanz beißt – alle Chemiker werden das bestätigen –, ist Uroboros, das Symbol der Einheit von Materie und Universum, Sinnbild des heiligen Kreislaufs der Schöpfung, die sich selbst hervorbringt und verzehrt. Kurz, es ist das Bild, das dem berühmten »Alles ist in allem« entspricht, und, wenn man will, sogar »dem Gegenteil«, das eine notwendige Präzision mit sich bringt.

Erstaunlicherweise waren es aber nicht die Theologen, die am hartnäckigsten Kekulés Traum zu zerstören versuchten, sondern die Chemiker. Es war undenkbar, daß eine junge Wissenschaft, die sich mit Mühe und Not von ihrem alchimistischen Bodensatz gelöst hatte, auf dem Traum von einer Schlange, die sich in den Schwanz beißt, aufbauen sollte. Ohne es zu wissen, rührte Kekulé da an eine empfindliche Saite... die bis heute noch nachschwingt. Schon im darauffolgenden Jahr erschien in der deutschen Fachzeitschrift *Chemische Berichte* eine Zeichnung, auf der zwei Benzolringe aus jeweils sechs Makaken zu sehen waren, die sich an den Schwänzen festhielten; in der Folgezeit war der Traum so manchem Angriff von seiten der Hardliner unter den Chemikern ausgesetzt, das letzte Mal 1985, als nämlich die American Chemical Association eine ihrer Jahrestagungen der Benzol-Angelegenheit widmete und zwei amerikanische Chemiker behaupteten, Kekulé könne die berühmte Formel nicht geträumt haben.

Da weder die Ablehnung der Alchimie, die doch, nolens volens, die Vorläuferin der Chemie ist, noch irgendeine theologische Verbohrtheit letztlich dazu geführt haben, daß wegen eines simplen Traums soviel Papier (darunter das vorliegende) geschwärzt wurde, muß man sich nach einer anderen Erklärung umsehen. Genau wie Newton, der übrigens Monate mit dem Anfachen seiner Alchimisten-Öfen verbrachte, wie Galilei oder Einstein war Kekulé im Zustand der Gnade – noch dazu in dem Sinne, wie die alten Esoteriker sie verstanden. Der 1413 von Jehan de La Fontaine verfaßte große Klassiker der Alchimie *La Fontaine des amoureux de science* (»Der Quell der in die Wissenschaft Verliebten«) erklärt in allen Einzelheiten, wie das Wissen zu den Eingeweihten kommt, und es ist so gut wie sicher, daß der populäre Mythos der offenbarten Erkenntnis hier seinen Ursprung findet. Denn Jehan war, viereinhalb Jahrhunderte vor Kekulé, auch ein großer Träumer, der, zweieinhalb Jahrhunderte vor Newton, ein besonderes Faible für Obstgärten hatte:

Puis m'endormis, après mangier,
Dedans ce gratieux vergier;
Et, selon mon entendement;
Ie dormy assez longuement,
Pour la plaisance que prenoys
Estant au songe que je songeois.[1]

Im Traum begegnet Jehan »zwei schönen Damen mit klarem Blick«, nämlich der Erkenntnis und der Weisheit, die ihm abermals enthüllen:

Science est de Dieu don,
Qui vient par inspiration.
Ainsi est science donnée
De Dieu, en l'homme inspirée.[2]

Das ist in blumigen Worten das, was so viele Chemiker heute wie ehedem unerträglich finden: die Ungerechtigkeit, die den einen entscheidende Träume eingibt (»Warum wurden ausgerechnet sie von den Engeln des Herrn auser-

1. Dt. sinngemäß: »Nach dem Essen schlief ich in diesem lieblichen Obstgarten ein. Und ich glaube, ich schlief dort ziemlich lange, denn ich genoß den Traum, den ich gerade träumte.«

2. »Die Wissenschaft ist ein Geschenk Gottes, das durch Erleuchtung kommt. Also wird die Wissenschaft dem erleuchteten Menschen von Gott gegeben.«

wählt?« fragte der Physiker Infeld), während andere an ihren Labortischen Blut und Wasser schwitzen, ohne je das Gelobte Land zu erreichen; die Tatsache, daß die Wahrheit ohne eigenes Verdienst offenbart werden kann, obwohl sie doch das Ergebnis einer langen, mühsamen Kleinarbeit, des Zusammenfügens ungleichartiger Einzelheiten zu einem sinnvollen Ganzen, sein sollte. Selbst wenn ihre Wurzeln in irgendeinem hermetisch abgeschlossenen Destillationsgefäß schwimmen – *nobody is perfect* –, kann die Wissenschaft sich nur auf die Erfahrung und die Vernunft gründen. Ein Chemiker träumt nicht, er arbeitet, und jedes Eindringen des Unbewußten in sein Labor ist verdächtig.

Kekulés Schlange verdankt ihr glückliches Schicksal also dem Umstand, daß sie in diese (mythische) Ritze geschlüpft ist, die das Wissenschaftliche vom Nichtwissenschaftlichen trennt. Mit ihrer Ablehnung des Schöpfungstraums nehmen die Chemiker eine ebenso dogmatische Haltung ein wie die Volksmeinung, die felsenfest an der göttlichen Offenbarung festhält. Als zäher Arbeiter und überzeugter Rationalist hat Kekulé vermutlich im einem Dämmerschlaf von jenem hoch kreativen Zustand profitiert, in dem das Bewußtsein langsam seinen Einfluß verliert, die wissenschaftliche Strenge, deren Füße schon im Wasser der Träume baumeln, nach und nach erlahmt und die üblichen Gedankengänge sich wie die Teile eines Puzzles neu ordnen. Die Tatsache, daß eine Menge Probleme chemischer, mathematischer und anderer Natur in einem Dämmerzustand gelöst werden, hat sicher mehr mit Physiologie als mit Offenbarung zu tun. Wenn die Schlange des Kekulé zu einer solchen Berühmtheit gelangt ist, dann wahrscheinlich deswegen, weil die Grenze zwischen Körper und Geist oder zwischen Wissenschaft und Volksmeinung ebenso unfaßbar ist wie eine halb eingenickte Natter.

## *Die Tabelle des Mendelejew*

Chemie, das ist wie Kochen – alle Gymnasiasten werden das bestätigen –, und außerdem muß man hinterher Geschirr spülen. Wenn dieses Urteil gegenüber der heutigen Chemie auch etwas ungerecht ist (unter anderem weil die Labors heute mit Spülmaschinen ausgerüstet sind), beschreibt es doch ganz genau die Situation Mitte des 19. Jahrhunderts, als die Chemiebücher mehr Rezepte als Formeln enthielten, die neuen chemischen Elemente sich anarchisch vermehrten und die »Atomisten« mit den »Äquivalenzlern« die Klingen (aus Eisen und anderen Metallen) kreuzten. Dann hat ein junger Chemiker an der fernen Universität von St. Petersburg die skurrile Idee, alle 1869 bekannten chemischen Elemente nach steigendem Atomgewicht zu ordnen, indem er in den waagerechten Zeilen von der Nummer 7 zu 14, 21 und so weiter fortschreitet.

Seltsamerweise besitzen die jeweils in einer senkrechten Spalte angeordneten Elemente bis auf wenige Ausnahmen ähnliche chemische Eigenschaften: Dmitri Mendelejew – so heißt er – hat absolut keine Ahnung, warum die natürlich vorkommenden chemischen Elemente in einer Tabelle von biblischer Einfachheit, die obendrein auf der Zahl 7 beruht, Gruppen bilden, aber das hindert ihn nicht daran, sie als »Gedächtnisstütze« für seine Studenten zu benutzen. Der Fund ist nett, aber kaum dazu angetan, seine Kollegen zu beeindrucken, die der Tabelle sehr reserviert gegenüberstehen. Ihr fehle ein Feld, ja sogar mehrere, stellen sie prompt

Russischer Chemiker, der sich anschickt, alle Elemente des Universums in einer einzigen Tabelle zu ordnen.

fest, was auch gar nicht zu leugnen ist. Dickköpfig und auf seine Intuition vertrauend, füllt Dmitri die leeren Felder mit drei hypothetischen Elementen, die die Wissenschaftsgemeinde ein Jahrzehnt lang zu freundlichem Gespött veranlassen... Bis 1875 das Gallium entdeckt wird, das wunderbarerweise eins davon ersetzt; vier beziehungsweise elf Jahre später füllen Scandium und Germanium die übrigen leeren Felder und verschlagen den Chemikern überall auf der Welt die Sprache. Es kommt noch besser: Zu Beginn des 20. Jahrhunderts bilden die Edelgase (Helium, Neon, Argon, usw.) eine achte Spalte, die Mendelejew nicht vorausgesehen hatte, die sich aber ganz natürlich in seine Tabelle einfügt.

Fortan gilt Dmitri als Prophet, wozu sein langer Bart und seine schulterlangen Haare (die er nur einmal im Jahr schneiden läßt) ein übriges tun. Über Nacht wird seine Tabelle zum Archetyp der grandiosen, intuitiven Entdeckung, die ihrer Zeit um Jahrzehnte voraus ist. Die Chemie befand sich im größten Durcheinander, die Elemente häuften sich zu einem schrecklichen Chaos an – da greift ein kleiner russischer Chemiker, der vermutlich keinen Pfennig besitzt und eher abseits der herrschenden geistigen Strömungen steht, zu seinem besten Gänsekiel und schreibt, urplötzlich im Besitz der Gnade, hastig die neuen Gesetzestafeln auf einen Fetzen Papier. Der rechtschaffene und eifrige Experimentator, der sich über seine Reagenzgläser beugt, hat den großen Theoretikern auf ihren Kathedern den Rang abgelaufen. Süße Rache für jene, die meinen, daß man sich, wenn man an einer Sache arbeitet, besser selbst ins Zeug legt.

Dieses empirische Denken fehlte wohl Mendelejews glücklosen Vorgängern – John Newlands zum Beispiel, der vier Jahre zuvor ein sehr pythagoreisches »Oktavengesetz«

entwickelt hatte, demzufolge die chemischen Eigenschaften der Elemente sich wie die Noten der Tonleiter wiederholen sollten, oder Alex de Chancourtois, der vorgeschlagen hatte, die Elemente (aber auch einige Moleküle) auf einer hochkomplizierten »tellurischen Helix« anzuordnen. Mendelejew dagegen theoretisiert nicht, er stellt eine Periodizität fest und erforscht all ihre Konsequenzen: »Die Naturgesetze dulden keine Ausnahmen«, schreibt er, »und genau darin unterscheiden sie sich von den Regeln der Grammatik.« Seine unerschütterliche Gewißheit gründet in der Überzeugung, daß die Natur nicht spielt und daß sie, wenn sie ihre Geheimnisse preisgibt, sie vollständig offenlegt. Dmitri ist geradlinig und kompromißlos: Er glaubt an die Atome, was für seine Zeit nicht ungewöhnlich ist, und an die Einfachheit der Naturgesetze, die ihm einen bösen Streich spielen werden.

Die von Mendelejew entdeckte geheimnisvolle Periodizität wird erst viel später in der Quantenphysik eine Erklärung finden, nämlich die, daß das Bindungsverhalten der Atome von der Zahl ihrer Elektronen abhängt und daß diese Elektronen sich nach einem Gesetz (der sogenannten Oktettregel), in dem die Zahl 8 eine entscheidende Rolle spielt, auf konzentrische »Schalen« verteilen. Bereits 1869 geahnt zu haben, was man erst in den zwanziger Jahren unseres Jahrhunderts herausfand, vergrößert nur noch Dmitris Ruhm, doch hat eine Wissenschaftshistorikerin, Bernadette Bensaude-Vincent, kürzlich gezeigt, daß er wahrhaftig ein recht kauziger Prophet war.

Die Entdeckung der Radioaktivität durch Pierre und Marie Curie, die er 1902 aufsucht, bringt ihn völlig aus der Fassung. Er glaubt einfach nicht an die Strahlungen, von denen man ihm erzählt, und lehnt den Begriff der Umwandlung strikt ab: »Seine« Atome sind unveränderlich, auf ewig in »seiner« Tabelle verstaut, und würden nie ein derart eigenwilliges Verhalten an den Tag legen. Schließlich entwickelt er selbst eine ebenso geniale wie unsinnige Theorie der Radioaktivität, in der er die Anziehung des Äthers (einer hypothetischen und unwägbaren Flüssigkeit, die Einstein einige Jahre später endgültig in die Abstellkammer verbannen wird) durch die schweren Atome bemüht. Um seine Tabelle vor der radioaktiven Gefahr zu retten, verleibt er ihr den Äther ein – in der Spalte der reaktionsträgen Gase, zumal er ja nicht chemisch reagiert, und ohne Masse, da er unwägbar ist, was dann doch ein wenig störend wirkt.

Dieser grandiose Schnitzer, der im allgemeinen dem Nachlassen eines großen Geistes zugeschrieben wird, hat nicht Geschichte gemacht. Dem prophetischen Chemiker mag es gefallen oder nicht, die Naturgesetze sind mindestens so komplex wie die der Grammatik. Die Isotope (gr. »gleicher Platz«), ob radioaktiv oder nicht, haben in Mendelejews Tabelle gegen den Willen ihres Schöpfers, der sie für ein unmögliches Gestotter der natürlichen Grammatik hielt, ihren Platz in den Feldern der stabilen Atome eingenommen. Die Anekdote zeigt deutlich, daß man prophetisch und rückständig zugleich sein kann und daß Mendelejew zwar in der Tat das Medium einer genialen Eingebung, aber auch einer der strengsten Positivisten unter den Wissenschaftlern seiner Zeit war. Damit sollten wir es aber besser bewenden lassen: Beim Vermischen von Genie und Dickköpfigkeit, von enthüllten Wahrheiten und bornierten Irrtümern käme nämlich am Ende heraus – und das würde das Bild trüben –, daß die großen Gelehrten Menschen wie alle anderen sind und daß Mendelejews Mißgeschick allen Schubladendenkern auflauert. Hat man das Universum erst einmal in eine Tabelle gesteckt, ist es gut, wenn *alles* darin seinen Platz findet.

# *Alfred Nobels Geliebte*

Der Nobelpreis, der jeden Herbst einigen glücklichen Auserwählten zufällt und sie am Ende einer höchst komplizierten Zeremonie in den Gotha des Wissens befördert, ist an sich schon ein Mythos. Welcher noch so bescheidene Forscher träumt nicht davon, ihn im großen Stockholmer Konzertsaal, begleitet von mindestens fünf Reden und einem Scheck über ungefähr zwei Millionen DM[1], wie einen Marschallstab aus der Hand des schwedischen Königs entgegenzunehmen? Ein solcher Teilchenphysiker oder Virengenetiker wird dann vor den Kameras der ganzen Welt gebeten, sich zu der Entwicklung der Gesellschaft, den Schulden der Dritten Welt und dem Schicksal der Demokratie zu äußern ... sofern er nicht den Kopf verliert. Wie bei Astronauten, die sich niemals wirklich von ihrem Spaziergang auf dem Mond erholt haben, oder bei Lottogewinnern, die außerstande sind, ihr unvermitteltes Glück anzunehmen, hat man erlebt, daß frischgebackene Nobelpreisträger, auf dem Gipfel des wissenschaftlichen Ruhmes angelangt, sich der transzendentalen Meditation hingaben.

1. Die Zeremonie der Preisverleihung war Gegenstand einer interessanten soziologischen Untersuchung. Sie ist so bezeichnend, daß die Preisträger selbst sie alle Jahre wieder ins Lächerliche ziehen, indem sie zur Verleihung des »Ig Nobel« (auszusprechen wie engl. *ignoble* = unehrenhaft) für die abscheulichsten oder betrügerischsten wissenschaftlichen Arbeiten schreiten.

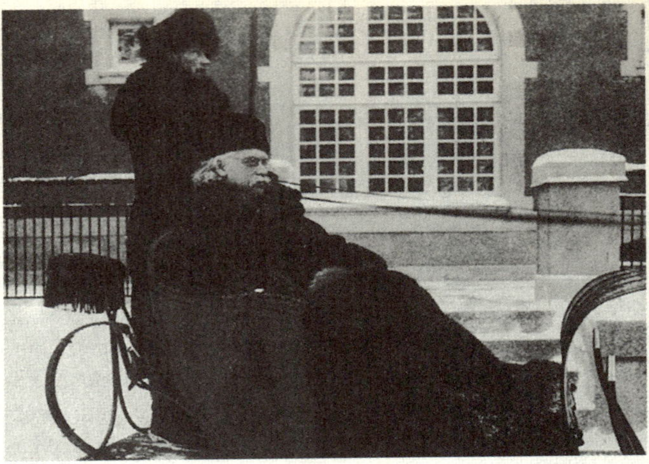

Der große schwedische Mathematiker Gösta Mittag-Leffler (1846–1927), Alfred Nobels angeblicher Nebenbuhler, vor seinem Stadthaus.

Was den Nobelpreis von anderen Preisen unterscheidet, ist zuerst, daß er finanziell am höchsten ausgestattet ist. In seinen Anfängen 1901 war er lediglich mit rund 66000 DM dotiert; angesichts der gegenwärtigen Summe kann man nur das Geschick der Geschäftsführer der Nobelstiftung bewundern. Zudem gilt die Redlichkeit der Jury, die ihn frei nach dem Bild der politischen Neutralität Schwedens zuerkennt, zu Recht oder zu Unrecht als über jeden Verdacht erhaben. Schließlich hat die alljährliche Designierung der Geistesgrößen noch den beruhigenden Aspekt, daß sie von den permanenten Fortschritten des Wissens zeugt, und den magischen, daß sie zwei normalerweise voneinander getrennte Begriffe zusammenbringt: die Forschung und das Geld. Jedenfalls erweckte der Nobelpreis gleich bei seiner Stiftung die hehre Begeisterung der Presse in aller Herren Länder und insbesondere in Frankreich, der Heimat des *Prix d'excellence* (des Preises für den Klassenbesten) und des Ordens der Ehrenlegion.

Die Dualität, ohne die ein Mythos gar nicht existieren könnte, ist hier besonders stark ausgeprägt: Alfred Nobel hatte eine Zeitlang den Ruf eines verrückten Gelehrten (vor allem, als seine schwedische Fabrik 1864 in die Luft flog), bevor er eine Art pazifistisch-humanistischer Eremit wurde. Es ist vor allen Dingen das »Dynamit-Geld«, das jene belohnt, die sich, wie es im Testament heißt, »zum größten Nutzen der Menschheit« angestrengt haben. Daß der Friedensnobelpreis aus den Zinserträgen eines multinationalen Konzerns finanziert wird, der auf die Rüstungsindustrie spezialisiert ist, überrascht heute, ist aber ein getreues Abbild der Fortschrittsphilosophie, wie sie in der Belle Epoque vorherrschte: »Ich würde gerne eine Substanz oder eine Maschine erfinden«, sagte Alfred Nobel, »die mit einem solchen Zerstörungspotential ausgestattet ist, daß keine Regierung sie einzusetzen wagte.« Köstliche Naivität der Jahrhundertwende, die dem Preis einen leichten Anflug von Utopie verleiht – sicherlich antiquiert, aber ach, so rührend!

Ein anderer, noch zäherer Mythos rankt sich indes um die Person Alfred Nobels. Im wissenschaftlichen Bereich zeichnet der Nobelpreis nämlich die Physiker, Chemiker, Biologen und Wirtschaftswissenschaftler aus, nicht jedoch die Mathematiker, die sich (erst seit 1936) mit der »Fields-Medaille« bescheiden müssen, sie wird nur alle vier Jahre vergeben und ist viel weniger großzügig ausgestattet. Der Grund für dieses Versäumnis ist weltbekannt und wird gern mit einem Hauch von Ironie kolportiert. »Zu jener Zeit«, konnte man zum Beispiel erst vor kurzem in der Zeitschrift *Sciences frontières* lesen, »war der brillanteste Mathematiker, der Schwede Mittag-Leffler, der vielleicht einer Auszeichnung auf diesem Gebiet – hätte man dafür eine geschaffen – würdig gewesen wäre, niemand anderer als der Geliebte von Frau Nobel.« Die Frage, ob Frau Nobel mathematische Gleichungen den chemischen Formeln vorzog, ist von so großer Bedeutung, daß sie weltweit über Internet in der Rubrik »FAQ« *(Frequently Asked Questions)* diskutiert wird. Hier erfährt man gleich zu Beginn etwas, was der Kontroverse ein Ende setzen könnte, daß es, da Alfred Nobel nie geheiratet hat, folglich auch nie eine Frau Nobel gegeben hat.

Soviel steht also fest. Aber hatte er nicht irgendeine Herzensfreundin? Das Bild vom humanistischen und zurückgezogen lebenden Milliardär ist so unwahrscheinlich, daß es unwillkürlich dazu verleitet, die – wie die Franzosen sagen – dahintersteckende Frau zu suchen. Es ist bekannt, daß Nobel mit 18 Jahren ein (kurzes) Pariser Abenteuer hatte, ein anderes, platonisches, mit Bertha Gräfin Kinsky (nachmalig verheiratete von Suttner und Friedensnobelpreisträgerin 1905) und eine spätere Geliebte, die Wiener Blumenhändlerin Sophie Hess, die ihn aufheiterte, als er in den Vierzigern war, und ihn, wie es scheint, eine Menge Geld kostete. Nobels Biographen können sich jedoch schlecht vorstellen, wie auch nur die geringste gefühlsmäßige Überschneidung hätte zustande kommen können: Alfred hielt sich damals in Paris auf und Gösta Mittag-Leffler lebte auf großem Fuß in Stockholm. Denn unser Mathematiker – und das ist vielleicht der Schlüssel zu dem Geheimnis – war kein Muster an Diskretion. Ehrgeizig, mondän und intrigant, vermischte er geschickt seine Öffentlichkeitsarbeit mit den Differentialgleichungen. Das schlug sich sowohl in der Gründung der *Acta Mathematica*, der angesehensten mathematischen Zeitschrift jener Zeit, als auch im Posten des Rektors einer neuen Universität, der Högskola von Stockholm, nieder. Nichts weist allerdings darauf hin, daß er der größte Mathematiker seiner Zeit war. Henri Poincaré, den er dem Nobelpreiskomitee 1910 vergebens als Preisträger vorschlug, war von ganz anderem Format.

Im übrigen setzte er, als Nobel sein Testament verfaßte, sein ganzes Verhandlungsgeschick ein, damit die Högskola, ebenso wie die anderen mit der Vergabe des Preises betrauten schwedischen Institutionen, in den Genuß seiner Großzügigkeit käme. Das war ein Fehlschlag, den ein anderes herausragendes Mitglied der Högskola als »Nobel-Fiasko« bezeichnete, aber Mittag-Leffler hätte diese Aktion sicher nicht gewagt, wenn er vorher Sophie Hess den Hof gemacht hätte. Elisabeth Crawford schreibt dazu[1]:

1. In: *La Fondation des prix Nobel scientifiques, 1901–1915*, Paris, Berlin 1988

Auch wenn Mittag-Leffler darüber verärgert war, daß es keinen Mathematikpreis gab und daß die Högskola aus Nobels letztem Testament ausgeschlossen wurde, zeigte er es nicht in der Öffentlichkeit. Es kann sein, daß er sich persönlich gerächt hat, indem er die Geschichte von der Rivalität zwischen (dem 15 Jahre älteren) Nobel und ihm selbst in Umlauf brachte: Danach hätten sie beide sich um das Herz derselben Frau gestritten und Nobel hätte verloren.

Die Tatsache, daß dieser letzte Punkt über Internet diskutiert und als »psychologisches Element« bezeichnet wird, zeigt, daß Nobels edle Gesinnung auch heute noch Hochschätzung genießt: Wie hätte Nobel, der beim Abfassen seines Testaments nichts als das Wohl der Menschheit im Auge hatte, es zulassen können, daß eine persönliche Affäre seine idealistischen Pläne durchkreuzt? Die Psychologen werden vielleicht eine Antwort darauf haben, fest steht jedenfalls, daß weder Mittag-Leffler noch Sophie Hess in den Genuß der Erbschaft kommen sollte. Ob es den Anekdoten-Freunden gefällt oder nicht, dafür, daß kein Nobelpreis für Mathematik existiert, gibt es gewiß eine einfachere Erklärung. Alfred Nobel war ein Ingenieur in der reinsten Tradition des 19. Jahrhunderts, das heißt mehr dem Experimentieren als der Theorie verpflichtet. Nach seiner Vorstellung sollten die preisgekrönten »Erfindungen und Entdeckungen« für eine größtmögliche Zahl von Menschen unmittelbaren Nutzen bringen. So gehörte zu den ersten Nobelpreisträgern für Physik der schwedische Ingenieur Nils Gustaf Dalén »für seine Erfindung der automatischen Regulatoren und Gasakkumulatoren für die Lichterzeugung bei Leuchttürmen und Bojen«.

Selbst Einstein bekam den Nobelpreis nur durch einen

glücklichen Zufall, und nicht etwa für seine Relativitätstheorie, von der es hieß, sie habe »noch keine hinreichende Bedeutung erlangt, um für die Menschheit von sehr großem Nutzen zu sein«, sondern für seine Deutung des Photoeffekts. Der 1910 für den Nobelpreis für Physik vorgeschlagene Poincaré mußte mit den Brüdern Wright, den Pionieren der Luftfahrt, konkurrieren. Und das ist unter den Paradoxa des Nobelpreises nicht das geringste: Obwohl von einem Erfinder für Erfinder geschaffen, was die Mathematiker automatisch ausschloß, ist er mittlerweile zum Symbol für das *non plus ultra* des abstrakten Denkens geworden...

Die Geschichte von Nobels mißlungenem Liebesabenteuer scheint also von A bis Z erfunden, vielleicht als Reaktion auf die im wesentlichen männlich geprägte Nobelstiftung, die für die Vergabe des Preises zuständig ist. Aber auch wenn nur wenige Frauen den Preis bekommen haben und Sophie Hess gänzlich leer ausgegangen ist, so ist doch die Zahl der Frauen, die einen indirekten Nutzen hatten, größer als man denkt[1]. Einstein hat den Preis komplett seiner Ex-Frau Mileva vermacht, und Robert Lucas, der den Preis für Wirtschaftswissenschaften 1995 erhielt, mußte die Hälfte der Summe an seine Frau Rita abtreten. Letztere, mit der er seit sieben Jahren in Scheidung lebte, hatte dafür gesorgt, daß folgende Klausel in den Scheidungsvertrag aufgenommen wurde: »Die Ehefrau bekommt 50 Prozent

1. Man wagt an dieser Stelle kaum, die von dem amerikanischen Milliardär Robert Graham aufgebaute, ganz spezielle Samenbank zu erwähnen. Alle Spender sind geniale Wissenschaftler, und die Kundinnen können sich sogar für die Empfängnis eines Nobelpreisbabys entscheiden, denn drei Repräsentanten der ehrwürdigen Institution, darunter William Shockley, der 1956 den Physik-Preis für die Erfindung des Transistors erhielt, haben sich zu einer Spende bereitgefunden. »Das hat mir viel Publicity gebracht«, räumt Graham ein, »aber jetzt sind sie ein bißchen alt. Die Frauen wollen sie nicht mehr.«

des gesamten Nobelpreises, falls Robert E. Lucas ihn vor dem 31. Oktober 1995 erhalten sollte.« Die gute Nachricht kam vierzehn Tage vor dem schicksalhaften Datum, und Robert Lucas quittierte als guter Verlierer die Angelegenheit mit einer Bemerkung, die dem Industriellen Alfred Nobel durchaus gefallen hätte: »Geschäft ist Geschäft!«

# $E = mc^2$

Ein Schrei – *Heureka!* – und eine Formel: $E = mc^2$ bilden die beiden Pole des wissenschaftlich Imaginären. Ersterer symbolisiert die Fähigkeiten des Körpers in Form des tropfnassen Archimedes, letztere die Fähigkeiten des Geistes. Denn wenn Archimedes die Naturgesetze körperlich wahrnehmen konnte, so ist Einstein, und das ist sein Hauptkennzeichen, reiner Geist. Sein Gehirn hat er im übrigen der Medizin vermacht, während sein Körper nach der Einäscherung im allerengsten Kreis in alle vier Winde zerstreut wurde. Ohne hier den Sitz des Denkens oder die Körperfunktionen der Wissenschaftler, die Schwimmfähigkeit des Archimedes, Galileis Blindheit oder Newtons Kopfschmerzen erörtern zu wollen, muß man doch anerkennen, daß der Kopfmensch ein dauerhafter Mythos ist, den der an seinen Rollstuhl gefesselte Astrophysiker Stephen Hawking meisterhaft verkörpert, der zugleich das Trugbild von der Anziehungskraft der großen Denker symbolisiert: Er hat sich gerade scheiden lassen und seine ehemalige Krankenschwester geheiratet. Ein anderer Mythos, den man sich eher ungern eingesteht, besagt, wenn man zum reinen Geist gelangt, indem man den Körper vergißt, müsse dieser Körper Spuren davon zurückbehalten. Indem man nun die Neuronen des großen Albert eins nach dem anderen genauestens untersucht, wie man es mit der Netzhaut von John Dalton (dem vom Daltonismus) getan hat, hofft man wahrscheinlich, irgendeinen außergewöhnlichen Neuronenmangel oder -überschuß zu finden, so

Die berühmte Formel erschien 1979 auf einer Briefmarke der Volksrepublik China. Wie hätte sie wohl in chinesischen Schiftzeichen ausgesehen?

wie man bei Dalton das Fehlen von grünempfindlichen Zellen festgestellt hat.

Diese nervöse und lächerliche Suche unter Einsatz von Scannern und Elektronenmikroskopen ist im Grunde eine der letzten Bekundungen einer langen Reihe von Verdächtigungen und Prüfungen, denen Einstein ausgesetzt war. Während des Ersten Weltkriegs wiesen einige revanchistische und antisemitische Franzosen geschickt auf seine deutsch-jüdische Herkunft hin; zynische Beobachter sprachen von Snobismus, und neidische Kollegen bezeichneten die Relativitätstheorie als reine Gedankenspielerei ..., bis zahllose Experimente den Nachweis ihrer Richtigkeit erbrachten. Daraufhin versuchte man, Einstein zum Vater der Bombe zu stilisieren – zumal er schon seinen Kindern, die er anscheinend schmählich im Stich ließ, kein guter Vater war. Schließlich suchte man die dahinter vermutete Frau und verfiel auf seine erste Gefährtin Mileva Maric, der man gerne die Mutterschaft der Relativitätstheorie zugeschrieben hätte. Die bisher letzte Episode, die man sich in den Salons zuflüstert, besagt, Einstein sei verrückt gewesen; das würde alles erklären und alle beruhigen.

Woher dieser Haß gegen den armen Albert, der keine Socken trug, das gesellschaftliche Leben mied und nichts lieber tat, als am Kamin eine Pfeife zu rauchen? Weil er es gewagt hat, das Selbstverständliche in Frage zu stellen und die am festesten verankerten Gewißheiten der Volksmeinung über Bord zu werfen, genau jene, die uns mit geradezu genetischer Zuverlässigkeit von Generation zu Generation überliefert wurden und unserem sakrosankten rationalen Denken zugrunde liegen. Materie und Energie durcheinanderzuwerfen, Zeit und Raum ineinander zu verwickeln, das sind zwei kräftige Sägestriche an dem Ast, auf dem unsere geistige Gesundheit ruht (schwankt?). Wenn die

Zeit nicht mehr ist, was sie war, was soll dann aus uns werden? Also wird Einstein zu einer Art Feind Nummer eins zweiten Grades und muß um jeden Preis marginalisiert werden. Er ist entweder boshafter, als er aussieht – ein wahrer falscher Faust –, von einem anderen Stern gekommen – $E = mc^2$ klingt ein bißchen wie die vier Noten aus *Begegnungen der dritten Art* – oder verrückt – einer von der Sorte, die man bis zum Ende ihrer Tage in der Universität von Princeton einsperren kann. Mit seiner (herausgestreckten) Zunge, seinem (sezierten) Gehirn und seiner (Zauber-)Formel muß er jedenfalls dringend von Kopf bis Fuß in einen Mythos verwandelt werden.

Von *Areuh*[1] $= mc^2$ über $E = C\ 17$ (Blue-Jeans) und $HP = Mc^2$ (Stellenangebote) bis zu $E = M6$ existieren unzählig viele Ehrentitel der berühmten Formel, die die Äquivalenz von Masse und Energie zum Ausdruck bringt. Für Roland Barthes ist sie in »Einsteins Gehirn« der Archetypus der plötzlichen Erkenntnis: »Die historische Gleichung $E = mc^2$ erfüllt durch ihre unerwartete Einfachheit fast die reine Idee des Schlüssels, nackt, handlich, aus einem einzigen Metall, mit einer ganz und gar magischen Leichtigkeit eine Tür öffnend, an der man sich seit Jahrhunderten stieß[2].« Der Erfolg

1. »Areuh«, die französische Fassung des ersten wohligen Lautes, den ein Säugling von sich gibt, reimt sich auf »égal m c deux«. Möglicherweise ist diese Gleichung als Anspielung auf das Buch *$E = mc^2$ mon amour* von Patrick Cauvin gemeint. A.d.Ü.

2. An anderer Stelle in den *Mythen des Alltags* (1957) stellt Roland Barthes meisterhaft den Mechanismus dar, durch den $E = mc^2$ zum Mythos wurde: »Wenn der Sinn allzu beredt ist, als daß der Mythos ihn überfluten könnte, dreht er ihn um und raubt ihn in seiner Gesamtheit. Das geschieht mit der mathematischen Sprache, die alle nur möglichen Vorsichtsmaßnahmen gegen die Interpretation ergriffen hat, in sie kann sich keine parasitäre Bedeutung einschleichen. Gerade deshalb entführt der Mythos sie als Ganzes. Er nimmt eine mathematische Formel ($E = mc^2$) und macht aus diesem nicht auswechselbaren

der Formel stellt sich allerdings nicht sofort ein. Die Gleichung wird lange im Schatten des bequemeren und dem gesunden Menschenverstand viel leichter zugänglichen »Alles ist relativ« stehen, und wirklich berühmt wird sie erst, nachdem sie gezeigt hat, wozu sie fähig ist – nämlich dazu, die Bombe zu bauen –, obwohl weder sie noch ihr Urheber auch nur das geringste dazu beigetragen haben: Die Entdeckung der Radioaktivität und der Atomstruktur standen am Anfang der Bombe, und nicht etwa die der Relativität. Aber garantiert mußte die atomare Apokalypse eine ihr angemessene Formel und als Schutzpatron irgendeinen gefallenen Erzengel finden. Die Rollenbesetzung war schnell entschieden: Nur Einstein hatte das nötige Format für diese konstruierte Rolle.

Zur »unerwarteten Einfachheit« der Formel kommt eindeutig noch ein ästhetischer Grund hinzu. Im allgemeinen sind Gleichungen zwar eher unsympathisch, aber manche üben doch eine unbestreitbare Anziehung aus. Mag es Newton gefallen oder nicht, $f = Gmm'/r^2$ ist wenig attraktiv; $U = RI$ ist nicht schlecht, riecht aber angesengt, und $P = mg$ ist ein bißchen schwerfällig. Bei Einstein hätte $R_{ik} = 0$ es auch tun können und damit zur Verherrlichung der Allgemeinen Relativitätstheorie, die unbestritten als Schönste unter den physikalischen Theorien gilt, beitragen können, aber ein Krümmungstensor, das ist nun mal nichts für Banausen. Masse und Energie dagegen, die kennt jeder oder glaubt jeder zu kennen. $E = mc^2$... Da haben wir eine einleuchtende Gleichung, und sie leuchtet sogar im Quadrat ein! Was sie bedeutet, ist nicht so wichtig. Wie es scheint,

*(Fortsetzung Fußnote 2)*
Sinn das reine Bedeutende der Mathematizität. Man sieht, daß der Mythos hier einen Widerstand entwendet.« (Der Mythos als gestohlene Sprache, in: *Mythen des Alltags,* frz. 1957/ dt. 1964)

kann das *E* die Energie sein, die die Sonne in Form von Strahlung abgibt, wenn das *m* die Masse ist, die während der Kernprozesse, die sie zum Leuchten bringen, verlorengeht, oder die Energie, die von einer Atombombe freigesetzt wird, wenn das Uran bei seiner Spaltung Masse verliert. Am besten vergißt man das alles und betrachtet $E = mc^2$ ein für allemal als unverständlich. Was zählt, ist, daß ein Mensch überhaupt Zugang zu einem solchen Geheimnis haben konnte.

Die Hypothese von der plötzlichen Eingebung ist interessant, könnte aber genausogut auf Newton oder Leonardo da Vinci zutreffen. Von dem amerikanischen Wissenschaftshistoriker und großen Einsteinspezialisten Gerald Holton stammt eine andere, spezifischere. Seiner Meinung nach ist das Denken Einsteins, dessen Genialität darin bestand, Asymmetrien in den physikalischen Gesetzen nachzuweisen, Paradoxa aufzulösen und Gegensätzlichkeiten zu vereinen, untrennbar mit der Person Einstein verknüpft, die nicht paradoxer hätte sein können: gleichzeitig alter Weiser und Lausebengel, Mann des öffentlichen Lebens und Einzelgänger, rational und intuitiv, atheistisch und religiös, so bietet er sich auf Anhieb zur Mythenbildung an, denn kaum hat man sich ein Bild von ihm gemacht, taucht schon ein anderes, entgegengesetztes auf. Außerdem, so meint Holton, »glich sein Lebensstil den Naturgesetzen.« Während nämlich Wilhelm von Ockham (1285–1349) wegen seines Rasiermessers berühmt geworden ist (»Es ist sinnlos, mit mehr Sachverhalten zu arbeiten, wenn es möglich ist, mit weniger auszukommen.«), rasierte Einstein sich mit normaler Seife: »Zwei Seifen, das ist mir zu kompliziert.« Eigentlich entdeckt Einstein nichts oder, besser gesagt, er kann nicht umhin zu entdecken. Er ist so sehr Natur, daß er nur sich selbst beobachten muß, damit die Natur sich mit ihren

Gesetzen, mit allem, was sie hat, preisgibt und die alten Polaritäten, die wir mit Fug und Recht für unwandelbar gehalten hatten, sich auflösen: Raum und Zeit sind nur eine davon, Masse und Energie eine andere.

$E = mc^2$ wäre damit der mathematische *Ausdruck* der Person Einstein, Einstein-Konzentrat (*Einstein* $= mc^2$), was um so wahrscheinlicher ist, als der kleine Albert lange unter einer Sprachschwäche litt. Er begann erst sehr spät zu sprechen und hatte sein ganzes Leben lang große Probleme, sich auszudrücken. Wie Einstein selbst sagt, erklärt das vielleicht sein Talent, mit Konzepten umzugehen, mit Ideen und geistigen Bildern zu spielen und – unbewußt und jenseits aller Formulierung – zufällig neue Verbindungen zwischen ihnen zu entdecken. Nach seinem schrecklich wirkungsvollen, aber unverständlichen $E = mc^2$ gibt uns Einstein eine allerletzte Formel zum Nachdenken auf: Was sich von selbst versteht, läßt sich gar nicht aussprechen.

# *Matila Ghykas goldene Zahl*

Es gibt Leute, die verabscheuen die Vier, andere bewundern die Neun, zudem sind da die Abergläubischen, die zur Jahreszahl des kommenden Jahres die einzelnen Ziffern hinzurechnen, um zu wissen, ob es gut wird, und die Ängstlichen, die die Autonummern zusammenzählen; es gibt sogar arithmetische Genies, die geradezu intime Beziehungen mit den Zahlen unterhalten, wie der außergewöhnliche Mathematiker Ramanujan, den eines Tages ein Freund mit der Bemerkung aufsuchte:

»Ich habe gerade das Taxi Nummer 1729 genommen, ich hoffe, das ist kein schlechtes Zeichen.«

»Keineswegs«, erwiderte Ramanujan wie aus der Pistole geschossen, »das ist die kleinste Zahl, die sich auf zwei verschiedene Arten als Summe zweier Kubikzahlen ausdrücken läßt.«

Und dann gibt es noch den normalen Sterblichen mit einem mittelmäßigen Interesse an Arithmetik und Zahlenmystik, der aber unbewußt davon überzeugt ist, daß den Zahlen geheime Kräfte innewohnen. Ein Beweis dafür ist der literarische Erfolg der goldenen Zahl, über die Dutzende von Theorien aufgestellt und Tausende von Seiten beschrieben wurden. Diese Zahl, $\phi$ genannt, ist nicht nur eine wahre mathematische Kuriosität, sie scheint auch seit grauer Vorzeit bekannt zu sein. Vor Le Corbusier, der ihre Anwendung in der Architektur pries, findet man sie bei zahlreichen Malern zu Beginn des Jahrhunderts, in den

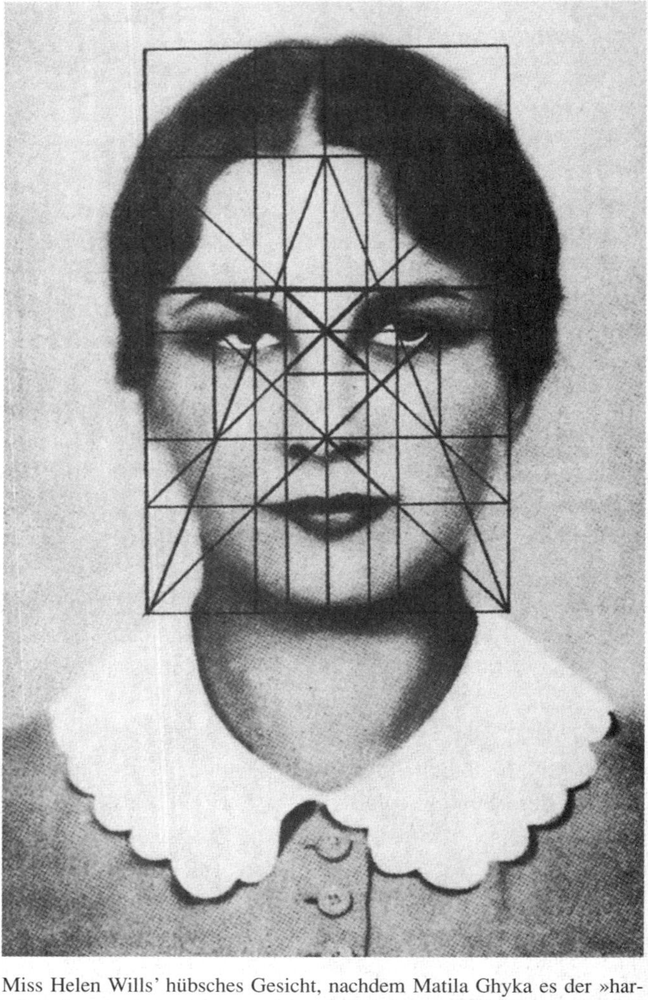

Miss Helen Wills' hübsches Gesicht, nachdem Matila Ghyka es der »harmonischen Analyse« unterzogen hat. Das Gitterwerk läßt einen »strengen Goldenen Schnitt« zum Vorschein kommen.

In: Matila Ghyka, *Le Nombre d'or.* 

gotischen Kathedralen, an der Fassade griechischer Tempel bis hin zum Innersten der Großen Pyramide. Man munkelt sogar, sie habe, vom Mund des Pythagoräers zum Ohr des Eingeweihten weitergegeben, als universelles und unwandelbares Geheimnis die Jahrhunderte durchschritten. Demnach wären die Marmorstatuen des Praxiteles wie die Gemälde von Seurat nach den Regeln des »Goldenen Schnitts« entstanden.

Der Ausdruck stammt aus dem Jahr 1509, dem Erscheinungsjahr des (von Leonardo da Vinci illustrierten) Monumentalwerks *De divina proportione*, in dem der italienische Mathematiker Luca Pacioli sich mit einem sonderbaren Verhältnis beschäftigte, das bereits Euklid entdeckt hatte: »Man sagt, eine Gerade ist nach dem Goldenen Schnitt geteilt, wenn sich, wie das Verhältnis der ganzen Strecke zum größeren Abschnitt, so auch der größere zum kleineren Abschnitt verhält.« Im Klartext: Wenn man eine Strecke in zwei Abschnitte, einen großen und einen kleinen, teilt, dann ist der Schnitt »göttlich« oder »golden«, wenn das Verhältnis vom großen zum kleinen dem von der ganzen Strecke zum großen Abschnitt entspricht. Man muß keine besondere Gabe für die Geometrie haben, um die Formel für dieses Verhältnis aufzuzeigen: $\frac{1+\sqrt{5}}{2}$, oder 1,618034...

Diese Zahl hat mehrere amüsante Eigenheiten: Wenn man 1 wegnimmt, erhält man ihr Gegenteil: 0,618034...; sie ins Quadrat zu erheben, kommt auf dasselbe heraus, wie 1 zu addieren, man erhält nämlich 2,618034... $\phi$ ist auch das Ergebnis aus: $\sqrt{1+\sqrt{1+\sqrt{1+\sqrt{1+\ldots}}}}$

und aus: $1+\cfrac{1}{1+\cfrac{1}{1+\cfrac{1}{1+\ldots}}}$

All das grenzt, wie man sieht, an den Gipfel mathematischer Schönheit, bringt uns aber bei dem Versuch, den Erfolg der goldenen Zahl zu verstehen, kaum weiter. Die ihr gewidmeten Werke waren nämlich keine Mathematikbücher, sondern eher mystische oder esoterische Abhandlungen, die aus der $\phi$ ein auf wunderbare Weise erhaltenes Bruchstück des geheimen Wissens der frühen Eingeweihten machten oder anhand schematischer Darstellungen zeigten, wie die Fassade des Parthenon sich in ein goldenes Rechteck (mit den Seiten 1:1,618) einbeschreiben läßt. Das berühmteste ist *Le Nombre d'or* (1931), ein Buch, in dem ein sonderbarer rumänischer Rechtsanwalt, Ingenieur und Diplomat mit Namen Matila Ghyka behauptet, er habe »die Gesetze der Zahl, die gleichermaßen die Harmonie des Kosmos und die der Schönheit regiert«, gefunden. Von einem bestrickenden Lyrismus geprägt, vermischt seine Prosa geschickt Kunst, Mathematik und Metaphysik mit dem Ziel zu beweisen, daß die goldene Zahl der Schlüssel zur Schönheit und zum Leben ist (man betrachte nur das Gehäuse eines Nautilus, der seine Form einer logarithmischen Spirale unter Einbeziehung der $\phi$ verdankt).

Ghyka zitiert seine Quellen – Pacioli, Euklid, Pythagoras –, zehrt aber in Wirklichkeit von anderen, viel jüngeren und ausschließlich deutschen Studien: von dem Philosophen Adolf Zeising, der 1870 versicherte, die Schönheit sei (selbstverständlich goldene) Proportion, denn »das Schöne ist die Harmonie, die die Einheit mit der Vielheit verbindet«; von dem Physiker Gustav Fechner, dem Sachwalter einer experimentellen Ästhetik, der zeigte, daß eine große Mehrheit der Menschen das goldene Rechteck angenehmer findet als andere Rechtecke; von Pater Desiderius Lenz schließlich, einem geometriebesessenen Benediktinermönch, der eine sakrale Kunst lehrte, bei der, wie könnte es anders sein, der Goldene Schnitt eine Rolle spielte. Zwischen ihnen und Luca Pacioli oder den Griechen – nichts. Nichts anderes als die überschäumende Phantasie von Matila Ghyka, dessen heimlicher Traum wohl darin bestand, den Westen, seine Mystik und seine Ästhetik auf gesicherte Fundamente zu stellen. »Die Geometrie«, versicherte er, »hat der weißen Rasse zu ihrer technischen und politischen Vormachtstellung verholfen.«

Hüten wir uns vor den Zahlen, besonders wenn sie golden sind! Dieser Wahlspruch, auf den nie ein Mathematiker gekommen wäre, stand über der geduldigen Forschungsarbeit der Kunsthistorikerin Marguerite Neveux, die alle Einzelheiten der hier erzählten Geschichte zusammengetragen hat. In der Überzeugung, daß Kunst vor allem die Ablehnung von Gesetzen und Theorien ist – und seien sie auch 2000 Jahre alt –, hat sie sich darangemacht nachzuprüfen, ob die modernen Maler, allen voran solche wie Signac, Seurat, Sérusier oder Manet, bei der Komposition ihrer Bilder die goldene Zahl zu Hilfe genommen haben. Nachdem sie Texte und Briefe genau unter die Lupe genommen und die Röntgenaufnahmen von Gemälden und Entwürfen analysiert hatte, kam sie zu einer Schlußfolgerung, die Gold wert ist: All diese Künstler unterteilten ihre Leinwand in Achtel, was schon für ein achtjähriges Kind nachvollziehbar ist; 4/8 (die Hälfte) ist die vollkommene Symmetrie; 6/8 (zwei Drittel) hat keinen besonderen ästhetischen Wert; 5/8 dagegen ist schon weniger banal und erweist sich als Grundlage für die Komposition einer Unmenge von Kunstwerken. Nun ist 5/8 soviel wie 0,625 oder $\phi$ bis auf sieben Millimeter genau … das entspricht der Breite eines Pinsels. Ein Farbstrich, der genügt, um Matila Ghyka wieder zu seinen goldenen Träumen, Pater Lenz zu Lineal und Kompaß und die goldene Zahl ins Regal der mathematischen Kuriositäten zu verbannen.

Wenn der Goldene Schnitt auch alles in allem nicht vernünftig ist, so ist doch klar, warum er die Leidenschaften entfesselte. Das kleine Verhältnis gleich dem großen, die Ähnlichkeit einer Division mit sich selbst und der Mikrokosmos im Makrokosmos, all das hat offenkundig mystische Wurzeln, die schon ein paar Verweise auf das antike Griechenland oder das Mittelalter wieder aufzudecken vermochten. Das menschliche Gehirn muß ja schließlich auf irgendeine Weise mit dem Kosmos, von dem es ein wesentlicher Bestandteil ist, kommunizieren; die Tatsache, daß seine Neuronen beim Anblick des Goldenen Schnitts zappelig werden, bringt es sofort mit den ätherischsten Sphären der Mathematik – einer zwangsläufig göttlichen, weil verfeinerten und so gut wie unzugänglichen Sprache – in Verbindung. Die goldene Zahl, ein regelrechtes arithmetisches Nirvana in Kleinformat, ist also eine privilegierte Form der Kommunikation mit dem Jenseits und ein unwiderlegbarer Beweis für die göttliche Natur des Menschen. »Für den Weg zum Paradies«, hätte Ramanujans Empfehlung lauten können, »nehmen Sie das Taxi Nummer 1,618034 ...«

Während die Anhänger der goldenen Zahl trotz alledem heute weniger zahlreich sind als in den dreißiger Jahren, hat ein anderes, jüngeres mathematisches Kuriosum ihre Nachfolge angetreten. Es handelt sich um die Fraktale, »selbstähnliche« Formen, die auf der Grundlage einfacher Gleichungen auf dem Computer erzeugt werden. Diese schwindelerregenden Schachtelungen wiederholen auf allen Stufen dasselbe Motiv, wobei ihr kleinster Teil dem Ganzen ähnelt. Die Schwärmerei für diese erstaunlichen Bilder hat eine regelrechte Mode (mit fraktalen T-Shirts und Schirmen) entfacht und da, wo diese Formen mit dem »Abdruck

Gottes« gleichgesetzt wurden, einige Fälle von ganz und gar goldene-Zahl-typischem Wahnsinn verursacht. Das goldene Fraktal könnte somit gut die goldene Zahl ersetzen. Voller Ungeduld wird der neue Ghyka, Version Cyberpunk, erwartet, der beweisen wird, daß die Australopitheken (die verblüffende rechnerische Fähigkeiten besaßen) bereits fraktale Schnörkel in den Sand ihrer Felsbehausungen malten.

## *Schrödingers Katze*

In einer »klassischen« Sichtweise, so bemerkte Roland Barthes, »gilt die Wissenschaftssprache als Instrument von größtmöglicher Transparenz und Neutralität«. Danach wäre sie gewissermaßen objektiv und stünde ganz im Dienst des Inhalts. Im Gegensatz zur literarischen Sprache würde sie damit die Allgemeingültigkeit ihres Untersuchungsgegenstands zum Ausdruck bringen. In Wirklichkeit, schreibt der Universitätsprofessor David Locke in *Science as Writing* (»Wissenschaft als literarisches Werk«), »ist die Geschichte, die die Wissenschaft schreibt, zwar eine wahre Geschichte, aber es ist nie die wahre Geschichte und es ist immer eine Geschichte«. Die Sprache der Wissenschaft ist Teil ihrer eigenen Darstellung der Welt. Zunächst deswegen, weil eine wissenschaftliche Veröffentlichung das enthält, was Sir Peter Medawar, der Nobelpreisträger für Medizin von 1960 »eine wohlüberlegte Heuchelei« nennt. Damit meint er, daß die Auswahl und Zusammenstellung der Ergebnisse, die Wahl der zitierten Personen oder Arbeiten, kurz die ganze Organisation des Artikels den Regeln der Zeitschrift entsprechen, in der er erscheint. Ferner weil »alle Entdeckungen«, wie der Physiker Ernst Schrödinger schrieb, »selbst die esoterischsten und avantgardistischsten, außerhalb ihres kulturellen Zusammenhangs ihre Bedeutung verlieren«: Das Atom des Lukrez ist nicht das von Dalton; dieses wiederum ist nicht das von Bohr und erst recht nicht das von Schrödinger. Schließlich weil bestimmte wissenschaftliche Berichte eine

*Alice*: »Können Sie mir bitte sagen, wie ich von hier fortkomme?«
*Die Cheshire-Katze:* »Das hängt sehr davon ab, wohin du gehen willst.«
»Wohin ist mir egal…«
»Dann ist es egal, welchen Weg du nimmst…«

Publikumswirkung erzielen, die sie, weit über die Absichten ihrer Autoren hinaus, in die Nähe des Mythos rückt. Dafür ist die wenn auch relativ unbekannte Geschichte von Schrödingers Katze ein Schulbeispiel.

In gewisser Weise erwächst sie aus einer Untersuchung über das Wesen des Atoms und die elementaren Bestandteile der Materie. Die schematische Darstellung ist jedermann vertraut. Einige einander überschneidende Kreisbahnen sind um eine Kugel zentriert. Auf einer der Bahnen dreht sich eine Kugel, die etwas kleiner ist, als die in der Mitte. Dieses Gebilde ist das Atom. Ein winziges Sonnensystem, bei dem der Kern die Sonne darstellt und das Elektron einen Planeten, der sich unter dem Einfluß der elektrischen Anziehung auf einer kreisförmigen Umlaufbahn befindet. So stellte es sich zu Beginn des Jahrhunderts der neuseeländische Physiker Ernest Rutherford vor, nachdem er in einem berühmten Experiment festgestellt hatte, daß Alphateilchen (Heliumkerne), die auf eine hauchdünne Folie gerichtet werden, von den Atomkernen der Goldfolie manchmal abgelenkt oder sogar vollkommen reflektiert werden. Sieben Jahre später ist das Modell schon überholt, und Ende der zwanziger Jahre wird es aufgegeben, obwohl es weiterhin an den Schulen gelehrt wird und ein für allemal mit unserer Vorstellung vom Atom verbunden ist. Warum hat sich das ihm nachfolgende »Quantenmodell« des Atoms über einen beschränkten Kreis von Wissenschaftlern hinaus nicht durchgesetzt? Weil es sich anhand bereits bekannter Bilder nicht darstellen läßt. Wie der Physiker Fritz Rohrlich schreibt, hat »die Umgangssprache für die Quantenwelt keine Worte«. Und keine unmittelbaren Bilder. Wie soll man etwas zeichnen, das mal als Welle, mal als Teilchen, meistens aber weder als das eine noch das andere erscheint und das außerhalb der Augenblicke, in denen man es beobachtet, nichts mit unserer Alltagserfahrung zu tun hat? Es ist nicht darstellbar, und, was noch schlimmer ist, es steht im Gegensatz zu der traditionellen mechanistischen Sichtweise des Planetenmodells.

Nicht Welle noch Teilchen, wird ein Elektron wie auch jeder andere Bestandteil der Materie seit 1930 als »Wellenfunktion« ($\Psi$) beschrieben, die angibt, daß es mit einer mehr oder minder hohen Aufenthaltswahrscheinlichkeit in einem bestimmten Bereich des Raumes verteilt ist. Nur im Augenblick der Beobachtung, das heißt der Messung, scheint sich diese Wellenfunktion, die gleichsam ein Katalog, eine Überlagerung aller möglichen Zustände ist, auf eine einzige Möglichkeit oder einen einzigen Zustand zu reduzieren. Die Physiker nennen das die Reduktion des Zustandsvektors, und aus dieser Reduktion entsteht das Paradox von Schrödingers Katze.

Der Österreicher Erwin Schrödinger (1887–1961) ist einer der Pioniere jener Quantenmechanik, die die Physik des 20. Jahrhunderts grundlegend verändern wird, und einer der Väter einer neuen Auffassung von Materie, die nach seiner Aussage »viel weniger materialistisch« ist als die des 19. Jahrhunderts. Für Schrödinger, der ebenso Philosoph wie Physiker ist, liegen Ziel und Wert der Wissenschaften in der Antwort auf die Frage: »Wer sind wir?« Ein schöpferischer Geist, schreibt er 1944 *Was ist Leben?*, ein Buch, das die Begründer der Molekularbiologie nachhaltig beeinflussen wird. In einer Analyse der Beziehungen zwischen dem makroskopischen und dem mikroskopischen Bereich kommt er zu der Annahme, daß die Atome des Erbguts in einer aperiodischen kristallinen Struktur angeordnet sind. Unter seinen Lesern werden sich auch die späteren Entdecker der spiralförmigen DNA befinden.

Der Schwerpunkt seiner Arbeit wird jedoch zunächst auf

der Konzeption der Quantenmechanik und dann auf den Gedanken über ihre Implikationen liegen. Was ist Materie oder, besser: Wie stellt sich unser Geist Materie vor? Das ist die Frage, die den österreichischen Physiker umtreibt. Einen Gegenstand, an dem sein Geist sich üben kann, findet er, als Einstein 1935 einen Artikel veröffentlicht, in dem er die Gültigkeit der Quantenmechanik wegen des Problems der Messung in Frage stellt. Für Schrödinger beschreibt die Psi-Funktion (Psi, die Wohlgenannte) die Realität eines einzigen Systems. Für Einstein dagegen, der bis zu seinem letzten Atemzug auf dieser Position beharren wird, ist sie eine statistische Beschreibung einer zusammenhängenden Gruppe von Systemen.

In einem Briefwechsel vom August 1935 kann man in den beiden gegensätzlichen Metaphern das Wesen des Paradigmenwechsels erkennen. Am 8. August schreibt Einstein an Schrödinger:

> Das System sei eine Substanz in einem chemisch labilen Gleichgewicht, etwa ein Haufen Schießpulver, der sich durch innere Kräfte entzünden kann, wobei die mittlere Lebensdauer von der Größenordnung eines Jahres sei. Dies läßt sich im Prinzip ganz leicht quantenmechanisch darstellen. Im Anfang charakterisiert die Ψ-Funktion einen hinreichend genau definierten makroskopischen Zustand. Deine Gleichung sorgt aber dafür, daß dies nach Verlauf eines Jahres gar nicht mehr der Fall ist. Die Ψ-Funktion beschreibt dann vielmehr eine Art Gemisch von noch nicht und von bereits explodiertem System. Durch keine Interpretationskunst kann diese Ψ-Funktion zu einer adäquaten Beschreibung eines wirklichen Sachverhaltes gemacht werden; …

Schrödinger antwortet postwendend (am 19. August):

> In einer Stahlkammer ist ein Geigerzähler eingeschlossen, der mit einer winzigen Menge Uran beschickt ist, so wenig, daß in der nächsten Stunde ebenso wahrscheinlich ein Atomzerfall zu erwarten ist wie keiner. Ein verstärkendes Relais sorgt dafür, daß der erste Atomzerfall ein Kölbchen mit Blausäure zertrümmert. Dieses und – grausamer Weise – eine Katze befinden sich auch in der Stahlkammer. Nach einer Stunde sind dann in der Ψ-Funktion des Gesamtsystems, sit venia verbo, die lebende und die tote Katze zu gleichen Teilen verschmiert.

Damit war das Meßproblem der Quantenmechanik eindeutig formuliert. Tatsächlich muß man ja irgendwann einmal das Wellenpaket reduzieren, das bedeutet hier, von der Überlagerung der beiden Zustände (Katze tot oder Katze lebendig) zu einem einzigen Zustand übergehen.

Offensichtlich gibt es nur zwei Lösungen. Bei der idealistischen Lösung, die lange Zeit von Eugene Wigner und John von Neumann vertreten wurde, hört durch einen transzendenten Gewissensakt die Überlagerung der Zustände auf, sobald ein Beobachter durch die Luke hindurch die Katze sieht. Nimmt man jedoch an, die Luke sei für den Beobachter nicht direkt zugänglich, sondern mit einem Fotoapparat verbunden, dessen Film man erst ein Jahr später entwickeln wird, tut man sich schwer zu behaupten, das nachträgliche Erkennen des Zustands der Katze durch den Beobachter könne die Zeit zurückdrehen. Bei der materialistischen Lösung ist es eher die Auslösevorrichtung, die das Wellenpaket reduziert, denn der Übergang vom Mikroskopischen (Uranatom) zum Makroskopischen (Vorrichtung) läßt die Quanteneffekte verschwinden. Wir müssen allerdings einräumen, daß auch diese Lösung Probleme mit sich bringt, unter anderem wegen der Möglichkeit einer plötzlich eintretenden Fernwirkung.

Kurz, die Geschichte mit der Katze macht deutlich, daß die Anwesenheit des Beobachters die Messung stört. Diese Störung hat die Reduzierung des Wellenpakets zur Folge, also – und das ist ein Glück! – ein greifbares Ergebnis (eine Spur in einer Blasenkammer, einen Lichtblitz auf einem Leuchtschirm und letzten Endes das Leben oder den Tod der Katze). Aber so wirkungsvoll die Quantentheorie in der Anwendung auch sein mag, sie bietet keine korrekte Meßtheorie. Soviel zu der Frage, die das Paradox der Katze aufgeworfen hat.

Was erzählt unser Miezekätzchen sonst noch? Zunächst, daß wir von einer allgemeingültigen Aussage über die Existenz einer objektiven Wahrheit, bezogen auf die Welt und die Naturgesetze, weit entfernt sind, ob es nun menschliche Beobachter zu ihrer Enthüllung gibt oder nicht. Nach Auffassung von Bohr und Heisenberg (heute wissen wir, daß sie vom »Quantengesichtspunkt« aus Unrecht haben) können wir einen Gegenstand nicht betrachten, ohne ihn zu verändern oder auf ihn einzuwirken. Für sie, sagt Schrödinger, »ist die geheimnisvolle Grenze zwischen Subjekt und Objekt zusammengebrochen«. Er selbst war kein Anhänger dieser Vorstellung. »Der beobachtende Geist ist kein physikalisches System und kann mit keinem physikalischen System in Wechselwirkung gebracht werden.« So wie in *Die Maske des Roten Todes* (1842) von Edgar Allan Poe, den Schrödinger liebte, ein beherzter Tänzer hinter der Maske des Unbekannten nur Leere finde, so könne der Beobachter in unserer Darstellung der Welt nicht auftauchen, weil er unsere Darstellung der Welt *sei* und, da er zum Ganzen gehöre, nicht in einem Teil auftauchen könne.

Dann sagt die Katze uns noch, daß sie lebendig und solchermaßen in Schrödingers Argumentation präsent ist. Das ist in der Physik, in der man sich normalerweise nicht auf so vielschichtige Systeme bezieht, recht neu. Und genau deswegen ist die Metapher auch untauglich, weil unser Kätzchen, ein lebendiges System, zwangsläufig ein offenes, nicht isoliertes System ist. Die klassische von Neumannsche Quantentheorie vermag aber nur geschlossene, das heißt isolierte Systeme zu beschreiben. Die neue Sichtweise dagegen (insbesondere von Roland Omnès, Wojciech Zurek und Robert Griffiths) betont die Interaktion zwischen dem System, dem Apparat und dem Umgebungsmilieu. Demnach liefert die »Dekohärenz« aufgrund der Umgebung eine Erklärung für die scheinbare Reduktion des Zustandsvektors.

Daß die Katze und mit ihr die Unbestimmtheitsrelation[1] sowie die allgemeine Vorstellung von einer indeterministischen Physik als (mehr oder minder) einzige Ideen in die Allgemeinbildung eingegangen sind, hat sicher drei Gründe. Erstens verleiht der schwierige Zugang zur Quantenphysik (obwohl deren mathematisches Arsenal nicht komplexer ist als das der Allgemeinen Relativitätstheorie) ihr eine esoterische Aura, die sehr nützlich ist, wenn man sich einen Ruf als Guru machen will: Zu Beginn der achtziger Jahre zeigte ein Poster der »Transzendentalen Meditation« auf der linken Seite eine Liste mit Regeln und auf der

1. 1927 von Heisenberg aufgestellt, geht dieses Prinzip davon aus, daß es unmöglich ist, einem Teilchen zu einem bestimmten Zeitpunkt einen bestimmten Ort und Impuls zuzuschreiben: Je genauer der Ort festgelegt ist, um so weniger ist der Impuls bekannt *und umgekehrt*. Heute bezeichnet man mit dem Begriff Unbestimmtheits- oder Unschärferelation die Tatsache, daß das Unbestimmte von der Natur der Teilchen und nicht von den Meßgeräten herrührt.

rechten eine mit Gleichungen, die man unter den am schwersten verständlichen Gleichungen der Relativitätstheorie und der Quantenphysik ausgesucht hatte. Zweitens hat in einer unsicheren Zeit eine Wissenschaft, die die Unsicherheit zu verwalten scheint, etwas Beruhigendes an sich. Und drittens hat man aufgrund ihrer verschiedenen Paradoxa (nicht zu vergessen die schützende Anwesenheit Albert Einsteins, von dem es heißt, er habe nie die Hoffnung aufgegeben, doch noch ein »Stückchen Realität« zu finden) den Eindruck, daß die Quantenphysik mehr als jede andere jenseits der Finsternis der Höhlen das Urgeheimnis der Welt gesucht hat. So kommt es sicher auch, daß Schrödingers Katze als echtes Schwellentier mit dem Realen flirtet, während Baudelaires Katzen, deren Pupillen das »Weltgeheimnis« bergen, mit dem Jenseits flirteten.

# *Die UFOs*

Im Titel seines 1993 erschienenen Buches formulierte ein französischer Journalist und ehemaliger Fernsehmoderator eine delikate Verbindung: *Ovnis: la science avance* (»UFOs: Die Wissenschaft kommt voran«). Mit dieser Metapher vom Charme einer Dampfwalze brachte der Autor in aller Deutlichkeit seine Überzeugung zum Ausdruck, daß die Besucher aus dem All existieren. Dessenungeachtet sammelt unsere Wissenschaft bienenfleißig die Beweise für diese Offenbarung. Nebenbei und höchstwahrscheinlich ohne es zu merken räumte der betreffende Journalist ganz klar ein, daß die moderne Wissenschaft für den Durchschnittsbürger eine UFO-Staffel ist, die über unseren Alltag hinwegsegelt und in ihren Äußerungen präsent, ihrem Wesen nach jedoch unsichtbar und unverständlich ist. Denn alles an den UFOs führt uns zur Wissenschaft zurück. Das beginnt schon mit ihrer im Sommer 1947 ausgestellten Geburtsurkunde.

Ganz genau am 24. Juni überfliegt Kenneth Arnold aus Boise in Idaho (USA) die Gegend zwischen dem Mount Rainier und dem Mount Adams im Staat Washington. Am Steuer seines Privatflugzeugs beobachtet Arnold neun glänzende Objekte, die in 3000 Meter Höhe und mit einer für damalige Verhältnisse unvorstellbaren Geschwindigkeit von seiner Schätzung nach 1700 Kilometer pro Stunde dahinrasen. Dem Lokalreporter Bill Bequette, der ihn nach seiner Rückkehr interviewt, erklärt er, diese Objekte hätten sich

Sind die UFOs russische Raketen oder Geheimwaffen der US-Streitkräfte? In *Behind the Flying Saucers* (1950) beschuldigt Frank Scully die CIA, die Wahrheit zu verhehlen. »Mr. Scully hat den Schleier des Geheimnisses, der dieses strittige Thema umgibt, zerrissen, und die erstaunlichen Fakten, die er hier darlegt – von denen die Bürokraten im Pentagon und die Anhänger der Geheimdienste keine Ahnung haben –, finden sich in keinem anderen Buch«, so die Ankündigung des Klappentextes, der allerdings weniger über den Mythos der UFOs aussagt, als das Titelbild.

Titelbild der Taschenbuchausgabe von Frank Scullys Buch. © D. R.

bewegt wie *a saucer skipping over water*, »eine Untertasse, die über das Wasser hüpft«. In den darauffolgenden Stunden dient die Metapher als Beschreibung, und die *fliegenden Untertassen,* so die Formulierung eines findigen Chefredakteurs, machen als Hauptschlagzeile der Tageszeitungen die Runde durch Amerika. Damit ist der Ball der UFOs eröffnet.

Und, einer Gallup-Umfrage vom 19. August 1947 zufolge, stark besucht. Ihr kann man entnehmen, daß neun von zehn amerikanischen Bürgern von den fliegenden Untertassen gehört haben, während nur zwei oder höchstens drei den Marshallplan zum Wiederaufbau Europas kennen. In den Köpfen all jener, die sich für diese und die späteren Geschichten begeistern, wird ein Ausdruck zusammenfassend an die Stelle der Beschreibungen treten, die Augenzeugen bereits ein Jahr vor Arnolds Beobachtung in Finnland und Schweden gefunden haben: Die »fliegenden Zigarren«, »Phantomraketen« oder »Feuerkugeln« werden von da an als UFOs (*Unidentified Flying Objects)*, zu Deutsch »unbekannte Flugobjekte«, bezeichnet. Experten der US Air Force bringen, um eine Versachlichung der in ihren Augen zu folkloristischen Sprache bemüht, mit diesem Akronym die Objektivität ihres Vorgehens zum Ausdruck. Damit, so bemerkt Keith Thompson in seinem Buch *Engel und andere Ausserirdische*, machten sie die UFOs zu Objekten – was ja noch zu beweisen war –, die man noch nicht identifiziert hatte – was voraussetzte, daß sie identifizierbar waren.

Fünfzig Jahre später gibt es auf die traditionelle Frage – Sind die UFOs eine reale oder eine symbolische (sozusagen dem kollektiven Unbewußten entsprungene) Erscheinung? – noch keine überzeugende Antwort. Diese ganze Diskussion kann man sich aber mit der Feststellung sparen, daß die UFO-Geschichten völlig uninteressant werden, sobald es in ihrem Verlauf zur Beschreibung eines »Kontaktes« kommt. So farbig der Vorspann war, so farblos wird die Begegnung. Auf spannende Katastrophenschilderungen folgen langweilige, nichtssagende Berichte, in denen die von Außerirdischen entführten Personen so manipuliert werden, daß sie die Einzelheiten der Begegnung vergessen. Die ganze alte Folklore (Spuren, Leuchtwesen, nächtliche Erscheinungen usw.) wirft auf den ersten Teil der Darstellung ein Licht, das ab da, wo es um die Beschreibung der kleinen grünen oder grauen Männchen und sonstigen Piloten interstellarer Flugkörper geht, erlischt. Vergessen wir also die Frage zugunsten einer anderen, nicht weniger interessanten: Warum sind die UFOs ausgerechnet an diesem Punkt in der Menschheitsgeschichte aufgetaucht?

Zunächst einmal handelt es sich nicht um ihre erste Erscheinung am Himmel der Menschen. In der einen oder anderen Form durchziehen sie unser Firmament schon seit mehreren Jahrhunderten, so wie jene »rollenden Köpfe« aus den Mythen der Guyaner oder der Pawnees, mit denen die UFOs nach Ansicht von Lévi-Strauss zusammenhängen. Wo immer sie aber auch herkommen, ihre jetzige Geburtsurkunde weist als Datum die unmittelbare Nachkriegszeit aus.

Zwei Jahre vor Arnolds Beobachtung erleuchtet eine sonderbare Untertasse die Gegend um Jornada del Muerto in Alamogordo, New Mexico. Die erste Atombombe explodiert am Montag, den 16. Juli 1945 um 5.29 Uhr. Kenneth Bainbridge, der Verantwortliche des »Trinity«-Versuchs, dreht sich zu Oppenheimer um und sagt: »Jetzt sind wir alle Hurensöhne.« Einige Wochen später verwüsten zwei Bomben Hiroshima und dann Nagasaki. Zum ersten Mal in seiner Geschichte besitzt der Mensch eine Waffe, die geeignet ist, seinen Planeten zu zerstören. Diesen Eindruck haben jedenfalls die Menschen im Westen beim Anblick der Fotos von den japanischen Städten beziehungsweise dem, was von ihnen noch übrig ist. Damit hat die Wissenschaft in den Augen der Öffentlichkeit ihre Unschuld verloren. Die »Trinity«-Explosion liefert das Symbol für eine Entwicklung, die sich seit dem Ersten Weltkrieg abzeichnete. Die Wissenschaftler sind nicht mehr die Erforscher des segensreichen, uneigennützigen Wissens, das die Menschheit beglückt. Die Wissenschaft ist tot, es lebe die Technologie!

Ist das Grund genug, um UFOs zu ersinnen? Auf jeden Fall genügt es, um ein Mittel gegen jenes Grauen herbeizusehnen, das ebenso unvorhersehbar wie latent ist, und um von einer souveränen, wohlwollenden Macht zu träumen, die imstande wäre, unsere Wissenschaft zu beherrschen. Genau mit diesem Thema beschäftigte sich übrigens Robert Wise 1951 in seinem Film *Der Tag, an dem die Erde stillstand;* darin wird erzählt, wie ein von den Sternen gekommenes Wesen die Erdenbewohner bittet, ihre Atomversuche einzustellen. Die Botschaft wiederholt sich vierzig Jahre später in dem Film *Abyss*, in dem Außerirdische, die sich in einem Tiefseegraben versteckt halten, die Explosion einer Wasserstoffbombe verhindern. Weiße Magie, schwarze Magie – haben die UFOs die Funktion, den Widerspruch zwischen dem Penicillin und Hiroshima aufzulösen?

In einer Untersuchung über die Funktion der Hexe im Mittelalter schreibt Michelet, ihre Revolte scheine ihm von der Hoffnungslosigkeit der damaligen Zeit, einer für die Frauen besonders finsteren Epoche, diktiert. Als einzige Ärztin des Volkes habe die Hexe das Aufkommen der modernen Medizin begünstigt, wenn nicht sogar bedingt: »Die Hellseherin sagte das Schicksal vorher, die Hexe macht es.« Die eine liest eine erstarrte, bereits geschriebene

Zukunft, die andere beschwört sie und handelt. Die UFOs stehen in gewisser Weise im selben Verhältnis zur Astrologie. Auf der Grundlage der »Wissenschaft vom Dekret der Sterne« lesen die Astrologen die Geschicke aus der Position der Sternbilder heraus; die von den Sternen gekommenen UFOs dagegen sollen in der Lage sein, unser Schicksal zu verändern. Ihre Funktion scheint also von der Ohnmacht angesichts einer übermächtigen Wissenschaft diktiert, die sich als einzige Rettung anbietet, allerdings ohne die Mittel dafür zu besitzen. Daraus ergibt sich ein Kennzeichen, vielleicht sogar das wichtigste, der UFOs: Aus einem technischen Paradies stammend, entziehen sie sich unserer Wissenschaft, indem sie den Naturgesetzen, wie wir sie aufgestellt haben, trotzen. Da sie ebenso gut lautlos an einem Ort verharren wie mit unvorstellbarer Geschwindigkeit dahinrasen können, sind sie für die Radarschirme natürlich nicht zu erfassen.

Sie gehören der Zukunft an, ja, sie sind die Zukunft, von der die Werbung uns bis zum Überdruß wiederholt, daß man sich auf dem schnellsten Weg hineinbegeben muß. Denn heute wird die Gegenwart nicht mehr auf der Basis der Vergangenheit gesehen, sondern im Hinblick auf eine Zukunft, die noch erfunden und gebaut werden muß. In einem Zeitalter, in dem die industriell gefertigten Produkte sich gegenseitig verdrängen – hier ist es ein Computer, der sechs Monate nach seinem Erscheinen in den Geschäften »veraltet« ist, dort eine bei ihrer praktischen Umsetzung bereits überholte Technik –, insbesondere aber einem Zeitalter, in dem die digitalisierte Information wahren Reichtum bedeutet, haben die UFOs etwas Beruhigendes, weil sie einen solchen Vorsprung haben, so weit in der Zukunft liegen, daß sie sich nicht mehr entwickeln müssen. Sie können auf der Stelle treten, wir nicht. Sie sind rein, wir sind unrein. Deshalb darf Lacombe, der humanistische, vernünftige, aber (folglich) unvollkommene Gelehrte aus dem Film *Begegnungen der dritten Art* Spielbergs außerirdisches Raumschiff nicht betreten: Im Gegensatz zu den Kindern und den (wenigen) Erwachsenen, die es verstanden haben, rein zu bleiben, ist er mit der durch Hiroshima symbolisierten Erbsünde der Wissenschaft behaftet. Wenn man die Existenz eines weit entfernten, aber statischen Punktes annimmt, an dem wir das Universum vollständig erforscht haben werden, verkörpern die UFOs die Hoffnung auf die dann wiedergewonnene Unschuld der Wissenschaft.

# *Der Big Bang*

Mit seiner *Comic Strip*-Aura könnte der Big Bang in der Sprechblase eines Comic-Helden stehen. Oder als greller Farbklecks aus einer jener amerikanischen Zeitschriften herausspritzen, in denen mythologische oder folkloristische Helden ihre Superkräfte einsetzen. Ein bis aufs äußerste reduziertes Zeichen einer Wissenschaft, die mit Pauken und Trompeten Einzug in die Welt der Medien hält, wo die allgemeine Verbreitung ebenso wie die Wirkung von der Kürze der Nachricht abhängt. Nicht Einsteins Zauberformel $E = mc^2$, die in drei unverständlichen, aber irgendwie »gekochten« Buchstaben das Geheimnis der Welt resümiert, sondern eher die ursprüngliche, »rohe«[1] Lautmalerei, aus der eine Veränderung spricht, die Herbert Marshall McLuhan in seiner berühmt gewordenen Formel *Das Medium ist Massage*[2] zusammengefaßt hat. Als Michel Rocard in einem mitreißenden Appell seine Parteigenossen zur Einheit aufrief und sie mahnte, ihre Sozialistische Partei in einem energischen Big Bang kräftig aufzurütteln, suchte er der Öffentlichkeit die große Umwälzung einer Wiedergeburt mit der darauffolgenden Expansion bildhaft vor Augen zu führen. Aber in der Politik wie in der Wissenschaft sind Metaphern ein zweischneidiges Schwert.

1. In Anlehnung an Claude Lévi-Strauss, *Das Rohe und das Gekochte* (= Mythologica, I), Frankfurt 1971. A.d.Ü.
2. Herbert Marshall McLuhan, *Das Medium ist Massage*, 1969

»Was, das soll der *Big Bang* sein?«

Warum »Big«? Warum »Bang«? Das mit dem »Big« ist einfach. Der britische Astronom und Astrophysiker Eddington schlug folgende Rechnung vor: Man nehme einen Stern, multipliziere ihn mit einer Billion und heraus kommt eine Galaxie; diese multipliziere man wiederum mit einer Billion, dann hat man ein ganzes Universum. Daß diese kosmische Unermeßlichkeit mit einem Mäusefurz begonnen haben sollte, kann man sich kaum vorstellen. Halten wir jedoch fest, daß der Begriff im Zeitalter der *Big Science* wie gerufen kommt, um sich in das einzureihen, was der Physiker Alvin Weinberg die »Symbole unserer Zeit« nannte: Teilchenbeschleuniger, nukleare Forschungsreaktoren und Raumfähren. »Diese Geräte«, sagte er, »bringen die Werte und tiefen Sehnsüchte unserer Kultur zum Ausdruck, so wie seinerzeit die Pyramiden und die Kathedralen.« Und er schloß – bereits 1961! – mit einer Mahnung, in der er die drei Geißeln der *Big Science* aufzählte: das Geld, die Medien und die Verwaltungsetagen, wobei man das erste ohne die zwei anderen weder bekommen noch verwalten kann. So erklärt sich die Notwendigkeit, sich einerseits in der *lingua franca* des dritten Jahrtausends auszudrücken und andererseits die gewaltigen Investitionen durch Ad-hoc-Ergebnisse zu rechtfertigen.

Die Sache mit dem »Bang« ist nicht so eindeutig. Der Begriff weist auf eine Explosion und damit einen bestimmten Punkt im Raum hin. Nun läßt aber die Theorie Raum und Zeit erst in diesem Moment entstehen, und überhaupt, um mit der Werbung für einen Science-fiction-Film zu sprechen: »Im Weltraum hört man Sie nicht schreien.« Denn eine Schallwelle setzt sich im Vakuum nicht fort. Aber dieser Bang hat einen beruhigenden, einen Schallmauer-Aspekt. Er dringt in unser Bewußtsein wie das Überschallflugzeug, das seinen weißen Schweif über den Himmel zieht. Warum dieser Streifen, warum dieser Lärm? Man weiß nichts darüber, aber sie sind uns vertraut. In der Welt der Ideen ist der Big Bang nicht weniger bekannt und nicht weniger fremd. Hat er sich vor zehn, zwölf oder zwanzig Milliarden Jahren ereignet? Das ist unwichtig.

Schön, es hat also einen Anfang gegeben. Die Wissenschaft sagt es uns, bestätigt es; um so besser, wenn das Wort Big Bang eine Theorie zusammenfaßt, über die die Wissenschaftler noch alles zu sagen oder zu entdecken haben, außer eben über den ersten aller Augenblicke zwischen der Zeit Null und $10^{-43}$ Sekunden, den wir aufgrund der Unbestimmtheitsrelation nicht genau festlegen können. Hinter dieser spanischen Wand kann sich jeder nach seinem Gusto für das Walten des Allmächtigen oder das *sensorium Dei*, das den Astronomen der »Princeton-Gnosis[1]« am Herzen liegt, entscheiden. Der Big Bang ist eine Offenbarung, die der Gymnasiast ebenso akzeptiert wie ein Kind vom Stamm der Omaha die Entstehungsgeschichte, die es von seinem Vater hört: So erzählt der amerikanische Ethnologe Alexander Eliot, daß für die nordamerikanischen Indianer alle Kreaturen körperlose Gedanken waren, die frei im Raum schwebten. Sie begaben sich zur Erde, die von den Wassern überflutet war. In ihrer Ratlosigkeit blieben die Gedanken da. Doch eines Tages tauchte ein gewaltiger Fels aus den Tiefen auf. Das Wasser verdunstete und bildete die Wolken. Die feste Erde erschien. Die Geister der Pflanzen- und dann der Tierwelt nahmen physische Gestalt an. Zum Schluß kamen die Menschen. Der Mythos, so schrieb Mircea

1. In *La Gnose de Princeton*, Paris 1991, erläutert Raymond Ruyer, wie Ende der sechziger Jahre Radioastronomen und Mathematiker des Mount-Palomar-Observatoriums »klammheimlich« Gott in die Wissenschaft zurückholten.

Eliade, »erzählt eine heilige Geschichte, handelt von einem Ereignis, daß in der Urzeit, in den sagenhaften Zeiten der Anfänge liegt [...] Es ist immer der Bericht einer ›Schöpfung‹. Darüber hinaus werden die Mythen im Unterschied zu den Märchen, die nur Erfindungen sind, von den Gesellschaften, die sie erzählen, als wahr anerkannt.«

Der Big Bang ist uns vertraut. Das schmälert nicht seinen wissenschaftlichen Gehalt, obwohl sein Urheber den Begriff paradoxerweise gerade in diesem Sinne geprägt hatte. Der Astronom Fred Hoyle benutzte ihn nämlich 1950 in einer Reihe von Radio-Interviews der BBC mit der Absicht, ihn lächerlich zu machen. Für Hoyle war der Gedanke, das Universum könnte sich nach seiner Entstehung im Laufe der folgenden Jahrmilliarden wie ein Luftballon aufgebläht haben, völlig grotesk. Und er war nicht der einzige, der so dachte. Einstein selbst hatte sich nach Kräften bemüht, diese Hypothese zu widerlegen. Als er 1917 auf der Grundlage seiner Gleichungen der Allgemeinen Relativitätstheorie ein kosmologisches Modell entwarf, mußte er widerwillig feststellen, daß er, wie er es auch drehte und wendete, immer wieder auf ein sich ausdehnendes Universum stieß. Aus diesem Grund, und damit sein Modell auf jeden Fall statisch blieb, versah er es mit der nötigen mathematischen Ausstattung, um sowohl die Relativität als auch die seit zwei Jahrtausenden fortbestehende Vorstellung von einem auf ewig unveränderten Kosmos zu respektieren.

Dieser Kunstgriff war nicht überzeugend. Das sollte noch deutlicher werden, als Edwin Hubble 1929 aufzeigte, daß die Galaxien sich mit einer Geschwindigkeit von uns wegbewegen, die sich proportional zu ihrer Entfernung verhält. Je weiter sie entfernt sind, desto schneller bewegen sie sich fort; daraus folgt die Vorstellung von einem sich ausdehnenden Universum, wie Einstein es ungewollt vorhergesehen hatte. Die Ehre, die Astronomen auf die Spur des Big Bang gebracht zu haben, gebührt allerdings einem (belgischen) Domherrn. Abbé Georges Lemaître hatte den Film von der Entwicklung des Universums rückwärts laufen lassen und gesehen, wie die Galaxien einander immer näher kamen, bis sie schließlich das bildeten, was er das Uratom nannte.

In einem Vortrag, den Lemaître in der Bibliothek des Mount-Wilson-Observatoriums, Pasadena, in Anwesenheit von Einstein hielt, formulierte er in der ihm eigenen lyrischen Ausdrucksweise: »Von allem Anfang an hatten wir Feuersbrünste von unvorstellbarer Schönheit. Dann kam die Explosion, der *Big Noise*, gefolgt von einer Überfülle von Rauch im Himmelsgewölbe. Wir kamen zu spät, darum blieb uns nichts anderes mehr übrig, als den prachtvollen Geburtstag der Schöpfung in Bilder zu kleiden.« Einstein beglückwünschte den Abbé und entgegnete herzlich: »Das ist die schönste und befriedigendste Interpretation, die ich je gehört habe.« Aber bei aller Ästhetik war diese Theorie damals kaum mehr als eine Hypothese. Wenn sie Fred Hoyle dreißig Jahre später immer noch gegen den Strich ging, dann deshalb, weil die damaligen Berechnungen darauf hindeuteten, daß das Alter des Universums weit hinter dem unseres Milchstraßensystems zurückbleibt. Aber die Verfechter des Big Bang sollten bald eine entscheidende Schlacht gewinnen. Aus der Vorstellung von den ersten Minuten des Universums hatten Gamow, Alpher und Herman abgeleitet, daß in der kosmischen Suppe dieser ersten Augenblicke durch die Kollisionen der Teilchen Hitze entstanden sein mußte. Diese starke Hitze sollte noch heute in Form energiearmer Photonen als Strahlungshitze von einigen Grad über dem absoluten Nullpunkt vorhanden sein.

Mit anderen Worten, sie sagten voraus, daß es im Universum ein Meer von Photonen im Radiofrequenzbereich geben müsse. Diese kosmische Hintergrundstrahlung wurde 1965 (durch Zufall) von Arno Penzias und Robert Wilson, zwei Radioastronomen der Bell Laboratories, entdeckt.

Die Theorie vom Big Bang trat ihren Siegeszug an, und Hoyles Wortschöpfung setzte sich gegen seinen Willen durch, womit sie ein neues Zeitalter in der Wahrnehmung der Wissenschaft durch die Medien und in den Perspektiven, die sich ihr dadurch eröffnen, einläutete. Ein Zeitalter, in dem die Titel, die die Zeitungen aktuellen wissenschaftlichen Themen widmen, eine andere Geschichte erzählen, als die, die sie ankündigen. »Der mythische Gedanke«, schreibt noch einmal Mircea Eliade, »arbeitet mit Zeichen, den Vermittlern zwischen Bildern und Konzepten. [...] Das ist intellektuelle Flickschusterei, bei der alle möglichen Materialien, die gerade verfügbar sind, zum Einsatz kommen.« Wenn *Science & Vie* auf der Titelseite meldet: »300 Mio. Dollar zur Überprüfung von Einstein« oder »Gelehrter bringt Licht in die Geheimnisse des Universums« und *Libération* »Supraleiter, die Hochgeschwindigkeitsenerige« als Aufhänger nimmt, wenn *Le Monde* »Das Gedächtnis des Wassers« groß herausbringt und *L'Express* in einem Kometenschwarm »Das himmlische Obdachlosenasyl« sieht, ist genau diese Flickschusterei im Gange. Sie erzählt uns von den Menschen, kleinen Däumlingen, die in den Weiten des Kosmos auf der Suche nach ihren Ursprüngen und ihrem Schicksal sind.

# *Die Schwarzen Löcher*

Als 1980 die *Palomino*, ein mächtiges Raumschiff aus den Walt Disney-Studios, auf den Kinoleinwänden aufkreuzt, erforschen die Zuschauer mit ihm die Geheimnisse einer mathematischen Singularität, die besser unter dem Namen »Schwarzes Loch« bekannt ist. Dank der unerwarteten Zwischenfälle während der Reise erfahren sie zunächst, daß das Gravitationsfeld des Schwarzen Lochs so stark ist, daß ihm (fast) nichts entkommt; dann, daß dort »die Zeit stillsteht« und »der Raum nicht mehr existiert«; schließlich, daß seine Entdeckung es möglich gemacht haben soll, die Geheimnisse der Schöpfung des Universums wie auch seiner möglichen Zerstörung zu verstehen.

Unter Mathematikern und Physikern findet man eine andere Beschreibung dieser Sternkadaver. Danach gibt es die Schwarzen Löcher von Schwarzschild (sphärisch, ohne Rotationsbewegung und elektrische Ladung), die von Kerr (nicht sphärisch, rotierend) und die von Reissner-Nordstrom (sphärisch, ohne Rotationsbewegung und elektrisch geladen). Manche sind nicht größer als ein Atom, andere erreichen die Ausmaße einer Galaxie. Eigentlich müßte man zu diesen klassischen Schwarzen Löchern noch die quantenmechanischen Schwarzen Löcher hinzufügen, aber wir werden uns hier mit dem Schwarzschildschen Standardmodell ohne Extras begnügen, um die Unterschiede zwischen Walt Disney und, wenn ich so sagen darf, der Realität herauszufinden. Denn in Wirklichkeit sind nicht alle Wis-

Man wagt nicht, sich vorzustellen, was nach dem Sturz in ein Schwarzes Loch aus diesem Raumschiff und seiner Starbesatzung wird. Aber sogar in diesem aussichtslosen Fall haben es die Walt Disney-Studios geschafft, ein Happy End zu erfinden.

senschaftler von der Existenz der »verschlossenen Sterne« überzeugt; so hießen sie bis zu jener Konferenz am 29. Dezember 1967, als der angesehene amerikanische Kosmologe John Archibald Wheeler sie in »Schwarze Löcher« umtaufte, und dabei ein ausgeprägtes Gespür für Kommunikation bewies: Der Beste aller Kandidaten, *Cygnus X-1*, befindet sich im Herzen unserer Galaxie, läßt sich aber bis heute nicht mit Sicherheit einordnen.

Gehen wir aber zum Zwecke des Vergleichs einmal von ihrer Existenz aus. Ein ausgesprochen geduldiger Beobachter (einige Millionen Jahre sind schon vonnöten) sieht, wie ein Stern von der zehnfachen Größe unserer Sonne sich in einen roten Riesen verwandelt, nachdem er seinen ganzen Wasserstoffvorrat verbraucht hat. Folgerichtig macht der Stern sich nun an seine Heliumvorräte, bis auch die aufgezehrt sind. Bis zu diesem Zeitpunkt vermochte die fortwährende Kernfusion in seinem Zentrum die Wirkung seiner eigenen Masse auszugleichen, aber jetzt steht seinem Gravitationskollaps nichts mehr entgegen. Der Stern zieht sich zusammen, bis er eine Kugel mit einem Radius von 30 Kilometer und einer mittleren Dichte von $10^{15}$ Gramm pro Kubikzentimeter (eine Milliarde Tonnen auf einen Fingerhut) geworden ist. In seinem Innern ist die Raumzeit so stark gekrümmt, das sogar das Licht mit seiner Geschwindigkeit von 300 000 Kilometer pro Sekunde nicht mehr aus der Kugel entweichen kann. Der »Ereignishorizont« des Schwarzen Lochs wird als die Grenze definiert, von der an die Geschwindigkeit, die nötig ist, um seinem Gravitationsfeld zu entkommen, über die Lichtgeschwindigkeit hinausgeht.

Dennoch könnte die *Palomino* sich dem Schwarzen Loch ohne großes Risiko nähern. Die drei Physiker Richard Matzner, Tsvi Piran und Tony Rothman stellten Berechnungen an: Danach würden die Auswirkungen der Relativität sich erst in einer Entfernung von dem Schwarzen Loch, die ungefähr dem Zehnfachen seines Radius entspricht, bemerkbar machen. Im Grunde genommen könnte sich das Raumschiff auf geschickt berechneten Bahnen so weit annähern. Daraus folgt beispielsweise, daß die Planeten des Sonnensystems, träte an die Stelle unserer Sonne urplötzlich ein Schwarzes Loch, nicht im geringsten von ihren Bahnen abwichen. Man würde zwar nicht mehr viel sehen, aber das ist eine andere Geschichte.

Wenn man nun in dem Raumschiff beschließen würde, zur Erforschung des Schwarzen Lochs ein Erkundungsfahrzeug auszuschicken, brauchte dieses, vom Raumschiff aus betrachtet, unendlich lange, bis es den Ereignishorizont des Schwarzen Lochs erreicht hätte. Im Innern des Fahrzeugs dagegen wäre die Reisezeit begrenzt, ja sogar äußerst kurz: In weniger als einer zehntausendstel Sekunde wären die nunmehr zerstreuten Teilchen des Raumfahrzeugs im Zentrum der Singularität angelangt.

Zusammenfassend läßt sich sagen, daß das Schwarze Loch der Mathematiker und Astronomen nichts von einem riesigen Staubsauger hat, in dem die Zeit gefriert und der Raum verschwindet. Wenn die Laien sich ein solches Bild machen, dann kommt darin kaum mehr als eine von verschlafenen populärwissenschaftlichen Autoren schlecht verdaute Theorie zum Ausdruck.

Zunächst einmal, und das ist nicht verwunderlich, steht die Faszination, die von den Schwarzen Löchern ausgeht, in dem größeren Zusammenhang eines allgemeinen Interesses der Öffentlichkeit, das seit dem 19. Jahrhundert nicht nachgelassen hat. Von Camille Flammarion über Hubert Reeves und Steven Weinberg bis hin zu Stephen Hawking gibt es unzählige Bestseller aus dem Bereich der Astronomie.

Man braucht nur in einer Sommernacht die Milchstraße zu betrachten, um einen der Gründe für diese Erfolge auszumachen. Einen weiteren haben wir von den Chaldäern, später aber auch von den Griechen und all denen übernommen, die sich gefragt haben, wie die Sterne auf unser Schicksal einwirken. Hier treffen Astrologie und Astronomie zusammen wie zwei Schwestern, die sich bis heute nie weit voneinander entfernt haben. So kam es neben vielen anderen, weniger berühmten Beispielen zu einem Lapsus, der François Mitterrand ganz sicher auf den Lippen brannte, bevor er seine Zuhörer (bei dem nationalen Kolloquium »Forschung und Technologie« im Jahr 1982) erstarren ließ: Er wandte sich an sie, um die Verdienste der Astrologie zu rühmen... Bei den Griechen bedeutet das Wort eigentlich »Sternkunde«, egal ob diese Lehre beschreibender Natur ist oder sich dem Einfluß der Sterne auf das menschliche Schicksal widmet. Die zweite Bedeutung überwiegt im Altgriechischen und Spätlatein, sobald der unerschütterliche Glaube an die göttliche Natur der Sterne allgemein verbreitet ist. Mit dem Aufblühen des Handels wendet sich die Astrologie naturgemäß einer spekulativen Praxis zu, die mit der Prophezeiung Geschäfte macht und die Prognose den Astronomen überläßt, auch wenn viele nach dem Vorbild des großen Kepler einen kleinen astrologischen Nebenerwerb behalten. Schließlich muß man ja die Familie ernähren!

Ein kleiner Umweg über die Horoskopseite der Frauenzeitschriften genügt, um sich davon zu überzeugen, daß die heutige Astrologie weit, sehr weit vom Visionären entfernt ist. Beruf, Liebe, Gesundheit – man tummelt sich im Praktischen, im alltäglichen Leben. Die Astrologie, die sich als Gegengewicht zu einer (scheinbar) kalten und rationalen Wissenschaft hätte etablieren können, hat sich ganz im

Gegenteil beeilt, in ihrem Diskurs ihre mächtige Schwester zu imitieren. Diese schlüpft mühelos in fremde Gewänder, da sie ja im Bewußtsein der Öffentlichkeit durchaus in der Lage ist, die Bewegung eines Kometen oder das Schicksal eines Sterns vorauszusagen, und obendrein in ihrer Suche nach unseren Ursprüngen jenen phantastischen Aspekt aufweist, den die moderne Astrologie so schmerzlich vermissen läßt.

Solchermaßen eingekreist, bleibt die Frage dennoch offen, warum in diesem wunderbaren Fabelbuch der modernen Astronomie unter den Roten Riesen, Weißen Zwergen, Neutronensternen, Quasaren und Pulsaren die Schwarzen Löcher sich einer so ungeheuren Beliebtheit erfreuen.

In einem Vertrag, der die Unterschrift eines katalanischen Malers des 15. Jahrhunderts trägt, ist festgelegt, daß die Teufel auf dem Gemälde nicht alle schwarz sein dürfen, sondern auch rote und grüne darauf zu sehen sein müssen. Woraus man schließen könne, erläutert Jean Minois in *L'Eglise et la Science* (»Die Kirche und die Wissenschaft«), daß der Vertragspartner für sein Geld etwas haben wollte, aber auch, daß Schwarz im Christentum die Farbe des Teufels ist. Ohne behaupten zu wollen, das Schwarze Loch sei dazu berufen, in unserer Welt des Imaginären die Hölle zu ersetzen, ist vermutlich sein Anklang an den alles verschlingenden Moloch Baal (»Die Kannibalen des Kosmos« überschrieb *L'Express* einen entsprechenden Artikel) recht verführerisch. Seine (mythischen) Eigenschaften sind jedoch interessanter: Es absorbiert das Licht und läßt die Zeit gefrieren. Genau hier scheint sich in unserer Vorstellung von dem Schwarzen Loch eine Angst zu manifestieren, die für unsere Zeit noch beispielhafter ist. »Durch die Eisenbahn«, schrieb Heinrich Heine um 1850, »ist der Raum vernichtet und uns bleibt nur noch die Zeit.« Hundertfünfzig

Jahre später hat sich diese Besorgnis vom Raum zur Raumzeit verschoben. Wir leben heute in einer Industriegesellschaft, die auf einem andauernden Erneuerungsprozeß beruht, in einer verdrehten Welt, in der die Weiterentwicklung der Technik die der Kulturen überholt. Alles sagt uns, daß die Zukunft die Gegenwart ist, denn, so stellt der Philosoph Paul Virilio fest, »die Geschwindigkeit vernichtet die Zeit«. Man rühmt die Verdienste der Life-Berichterstattung von CNN (dabei ist es gleichgültig, daß die »echte« Lifeschaltung im amerikanischen Sender höchstens sechzig Minuten am Tag ausmacht) und der »Echtzeit« im Internet. Wie versichert uns doch der Werbeslogan der Kurierdienste: »Wir sind die Herren unserer Zeit.« *Hic et nunc*, was gibt es für dieses allgegenwärtige Versprechen des Hier und Jetzt Schlimmeres als den ewigen Augenblick des Schwarzen Lochs?

## *Lorenz und der Schmetterlingseffekt*

Zu den jüngsten wissenschaftlichen Modeerscheinungen gehört der Begriff des »Chaos«. Die Gleichungsfreaks wissen, daß sich hinter diesem Passepartout-Wort das erstaunliche Verhalten mancher »dynamischer nichtlinearer Systeme« verbirgt – worunter die Unmöglichkeit zu verstehen ist, die Entwicklung eines Phänomens vorauszusagen, obwohl dieses durch vollkommen deterministische Gleichungen bestimmt ist. So zeigt sich bei einigen physikalischen Phänomenen, die auf den ersten Blick vorhersehbar erscheinen, daß sie sich jeder Gesetzmäßigkeit entziehen und chaotisch werden. Eine einfache Pendeluhr kann unter der Einwirkung einer minimalen Störung »verrückt spielen«, und das Sonnensystem, dieses Muster an Regelmäßigkeit, befindet sich in Wirklichkeit in einem instabilen Gleichgewicht: In einigen Millionen Jahren müßte es jener berühmten Werbung für ein kohlensäurehaltiges Getränk ähneln, bei der Planeten ekstatischer herumtoben als die *Teenager* der sechziger Jahre. Die chaotische Natur der Erdatmosphäre zeigt sich Tag für Tag an der Ungenauigkeit der Wettervorhersage. Auf diese Tatsache hatte bereits 1902 Henri Poincaré in seinem Buch *Wissenschaft und Hypothese* (dt. 1904) hingewiesen: »Ein Zehntel Grad mehr oder weniger an einem beliebigen Punkt [...] ein Wirbelsturm bricht hier aus und nicht dort.« Auch der russische Mathematiker Kolmogorow trug zur Weiterentwicklung dieser sonderbaren Überlegung bei, konnte jedoch, da sein Rech-

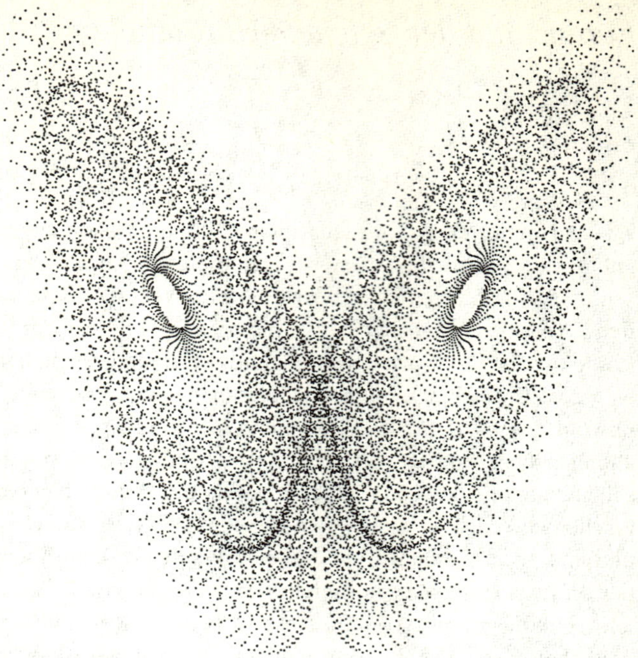

Dieser sonderbare pointillistische Schmetterling ist Lorenz' »seltsamer Attraktor«, eine mathematische Figur, die anhand meteorologischer Gleichungen vom Computer erzeugt wurde. Jeder Punkt stellt einen Zustand der Atmosphäre zu einem bestimmten Zeitpunkt dar; es ist jedoch unmöglich, die Position des nächsten Punktes vorauszusehen. Aus diesem Grund sollte man den Meteorologen der Wetterdienste ihre Schuldgefühle nehmen: Wie viele Wissenschaftler sind sie Opfer des schrecklichen »Schmetterlingeffekts«.

ner nicht stark genug war, keine spektakulären Schlußfolgerungen vorweisen.

Der Meteorologe Edward Lorenz war es schließlich, der 1972 das berühmte »deterministische Chaos« aufdeckte, das sich auch prompt in allen Bereichen der Wissenschaft auswirkte. Weniger bekannt ist, daß es auch auf die Literatur und das Kino übergriff – allerdings nicht auf dem Weg über die nichtlineare Dynamik, sondern dank einer erfolgreichen Metapher, die zu seinem Emblem geworden ist. Um deutlich zu machen, daß schon eine winzige Störung ein System chaotisch werden lassen kann – was die Physiker hochtrabend die »Empfindlichkeit gegenüber Anfangsbedingungen« nennen –, hielt Lorenz einen Vortrag, der gegen seinen Willen den Titel trug: »Kann der Flügelschlag eines Schmetterlings in Brasilien einen Tornado in Texas auslösen?« Was den Tornado angeht, so hat dieser brasilianische Schmetterling einen Sturm in den Medien entfesselt, was wiederum bestätigt, daß ein gutes Bild allemal mehr wert ist als eine lange Rechnung. Der »Schmetterlingseffekt« darf nicht fehlen, wenn es gilt, das Thema allgemeinverständlich darzustellen, sei es in Form eines wissenschaftlichen Artikels oder im Szenario eines Erfolgsfilms. In *Havana* von Sidney Pollack verblüfft Robert Redford seine Filmpartnerin mit der Bemerkung, eine Libelle über dem Chinesischen Meer könne einen Orkan in der Karibik hervorrufen; in *Jurassic Park* sagt der Mathematiker die Dinokatastrophe voraus, indem er einen chinesischen Schmetterling erwähnt, der ein Gewitter über New York auslöst.

Dieser neue wissenschaftliche Mythos ist deswegen von besonderem Interesse, weil man seinen Ursprung und seine Entstehung unschwer nachvollziehen kann. Erste Überraschung in dieser Hinsicht: Die berühmte Metapher stammt nicht von Lorenz, der schwört, er habe das Bild einer Möwe und nicht das eines Schmetterlings verwendet, sondern von Philip Merilees, dem Organisator der Konferenz, an der Lorenz teilnahm. Und der Erfolg der Metapher ist offensichtlich zu einem guten Teil auf den Bestseller des amerikanischen Journalisten James Gleick, *Chaos – Die Ordnung des Universums. Vorstoß in Grenzbereiche der modernen Physik*, zurückzuführen, dessen erstes Kapitel den Titel »Der Schmetterlingseffekt« trägt. Von da an konnte der Schmetterlingsmythos mit eigenen Flügeln fliegen und die populärwissenschaftliche Literatur erobern. Man trifft hier auf eine große Vielfalt an Schmetterlingen, aber auch an Faltern, Libellen und Käfern, die in den exotischsten Regionen mit den Flügeln schlagen. Im Gegensatz zu Afrika (das vielleicht deswegen ausgespart bleibt, weil das Chaos dort nicht nur eine Metapher ist) sind der tropische Regenwald Amazoniens und der Ferne Osten die am häufigsten zitierten Gegenden, gefolgt, niemand weiß so recht warum, von der Bucht von Sydney und der Chinesischen Mauer. Es gibt sogar einen Pariser Schmetterling, der das Klima in Paris verändert, was sehr unüblich ist, da das typische Muster verlangt, daß ein exotischer Schmetterling, der sich am anderen Ende der Welt tummelt, eine Klimakatastrophe an einem möglichst vertrauten Ort verursacht.

Aber einmal ganz abgesehen von diesem franko-französischen Schmetterling ist zu beobachten, daß das ideale Muster außer bei den Amerikanern überhaupt nur selten eingehalten wird. Die Untersuchung von ungefähr vierzig Schmetterlingseffekten, die in der französischen und angloamerikanischen wissenschaftlichen Literatur im Flug gefangen wurden, ergibt, daß alle amerikanischen Autoren die USA zitieren, aber nur einer von sechs französischen Frankreich nennt. Der Schmetterlingseffekt wird also als typisch amerikanisch wahrgenommen, genau wie übrigens die Chaostheorie, die hauptsächlich (vor allem in der Biologie und in den Sozialwissenschaften) an amerikanischen Universitäten Anwendung findet. Das unterstreicht natürlich die zunehmende Amerikanisierung der Wissenschaft und zeigt auch, daß hier eines der von Roland Barthes erwähnten Elemente des Mythos, der »Entzug der Geschichte«, am Werk ist. Ein Objekt kann nur dann ein mythisches Objekt werden, wenn es neu, von seiner geschichtlichen Last befreit ist: Das Chaos muß ebenso wie der Schmetterlingseffekt auf jeden Fall einen Zustand der Unberührtheit herstellen, indem beide ihren weit zurückliegenden Ursprung vergessen. Poincaré, Kolmogorow und die anderen dürfen nicht in die Genese des Chaos einbezogen werden. Wie könnte James Gleicks »neue Wissenschaft« so ferne Vorfahren haben? Das ist sicher der Grund, warum die amerikanischen Forscher und Journalisten erst einmal geflissentlich vergaßen, alle europäischen oder russischen Arbeiten zur Chaosfrage zu zitieren, um sich dann einen Schmetterling zu basteln, der ausschließlich amerikanische Katastrophen erzeugt.

Da man ihm kein wissenschaftliches Vorleben zugestehen wollte, hat der Schmetterlingseffekt literarische Vorfahren gefunden – in *Die dreifache Warnung*, einem kleinen Text von Arthur Schnitzler, in dem Roman *Storm* von George R. Stewart, in dem ein Meteorologe behauptet, das Niesen eines Mannes in China könnte einen Schneesturm über New York hervorrufen, und dann in der 1948 unter dem Titel *A Sound of Thunder* erschienenen Novelle von Ray Bradbury. Darin wird eine etwas ungewöhnliche Safari geschildert: Eine Gesellschaft, die eine Zeitmaschine betreibt, organisiert im Jahr 2055 eine Tyrannosaurierjagd. Um die Vergangenheit nicht durcheinanderzubringen – was unabsehbare Folgen für die Zukunft haben könnte –, sollen die Jäger unter allen Umständen auf einem Metallsteg bleiben... Aber der Held Eckels stürzt hinunter und geht ein paar Schritte im Schlamm. Bei seiner Rückkehr ins Jahr 2055 stellt er fest, daß sein Land von einem schrecklichen Diktator regiert wird. Von panischer Angst ergriffen, betrachtet Eckels seine Schuhsohlen: »...eingebettet in den Schlamm, grün, gold und schwarz schillernd, sah er da einen wunderschönen, toten Schmetterling. – ›Nicht so ein kleines Tierchen, doch nicht ein Schmetterling!‹ entfuhr es Eckels.«

Bei näherer Betrachtung sieht man deutlich, daß hier noch ein weiteres, für die Entfaltung des Mythos unerläßliches Element hinzukommt: die Entleerung der ursprünglichen Bedeutung. Es kristallisieren sich nämlich zwei große, am häufigsten verwendete Typen von Schmetterlingseffekten heraus: Die einen kommen, streng nach der Lorenz-Merileeschen Originalmetapher, aus Brasilien in die USA, während die anderen, James Gleick folgend, von China in die USA gelangen. Statt nun die Metapher ihren Zwecken anzupassen, verwenden die Autoren lieber unverändert die Version *made in USA*; dabei opfern sie die Sachbezogenheit dem, was sie für eine wissenschaftliche Legitimierung halten, und vergessen das pädagogische Werkzeug, das der Schmetterlingseffekt ursprünglich einmal war, zugunsten einer publikumswirksamen Zwischenbemerkung bei der Erläuterung eines schwierigen Konzepts. Derselbe Mechanismus läuft offensichtlich bei der Verbreitung des Chaoskonzepts ab. Zwei große Chaostypen dienen als Ausgangspunkt für die gewagtesten Berechnungen, vor allem im Bereich der Sozialwissenschaft: das Chaos der Physiker, obwohl der Zusammenhang zwischen dem sozialen und dem physikalischen System noch kaum erforscht ist, und das noch weniger gesicherte Chaos, das die Biologen in unserem Herzrhythmus oder in den Neuronen des Riechzentrums der Kaninchen ausgemacht haben. Auch da ist die direkte Analogie üblich, etwa zwischen dem Individuum und dem Neuron oder der Gesellschaft und dem Sonnensystem, ohne daß der geringste Versuch unternommen wird, eine so wörtliche Übersetzung durch Nachdichtung zu bereichern.

Wo ist bloß der kritische Verstand unserer Forscher geblieben? Sicher nicht in der Analyse des Chaosbegriffs und seiner vielfältigen Anwendungen, sondern vielmehr in der Kritik des Schmetterlingseffekts! Mathematiker und Physiker bedienen sich des Schmetterlings nämlich nur noch mit der Pinzette. Lorenz selbst hatte in seinem Vortrag 1972 deutlich gemacht, daß der Schmetterling, wenn er einen Wirbelsturm auslösen könnte, der ohne sein Zutun nicht entstanden wäre, ebensogut die Entstehung eines Wirbelsturms verhindern könnte[1], und kürzlich beeilte sich ein französischer Wissenschaftler, noch eins obendrauf zu setzen mit dem Einwand: »...das schöne Bild vom Flügelschlag des Schmetterlings, der am anderen Ende des Planeten einen Tornado auslöst, ist ungenau, denn es gibt auch eine Auflösung des Fehlers auf sehr niedriger Stufe.« Obwohl Schmetterlinge, die normalerweise bei Windstille fliegen, weniger als Möwen dazu imstande sind, durch die exponentielle Verstärkung ihres Flügelschlages Wirbelstürme zu erzeugen, muß man doch feststellen, daß die

1. Manchmal lassen sich sogar bemerkenswerte »Anti-Schmetterlingseffekte« beobachten: Vor allem in England findet man nicht selten verirrte Schwärme von »Monarchen« (*Danaus plexippus*), die in Mexiko sehr verbreitet sind. Die Meteorologen haben dafür die Erklärung, daß diese Schmetterlinge, getragen von den Höhenwinden einer Windhose, auf dem Luftweg kommen. Woraus sich ergibt, daß ein Wirbelsturm in Mexiko den Flügelschlag eines Schmetterlings in England bewirken kann!

unschuldige Metapher letztlich die Theorie, die sie nur veranschaulichen sollte, so vollständig verdrängt hat, daß die Angriffe, die eigentlich letzterer gelten, sich nun auf sie konzentrieren. Kein Zweifel: Soeben hat sich ein neuer Mythos »entpuppt«.

**Ursprünglicher Artikel**
»Vorhersagbarkeit: Löst der Flügelschlag eines Schmetterlings in Brasilien einen Tornado in Texas aus?« E. Lorenz, AAAS, 29. 12. 72

| **Aufenthaltsort des Schmetterlings** | **Ort der Katastrophe** | **Quelle** |
|---|---|---|
| Peking | Sturm in New York | J. Gleick, *Chaos – Die Ordnung des Universums*, 1990 |
| Kalifornien | Tornado in der Normandie | *Ça m'intéresse*, 06. 87 |
| Rio | Sturm in Australien | *Explora*, 12. 88 |
| Brasilien | Tornado in Florida | *Le Figaro*, 03. 94 |
| Bei Notre-Dame | Klima von Paris | *Le Point, 18. 06. 94* |
| Trop. Regenwald Amazoniens | Sturm in Chicago | R. Lewin, *Die Komplexitätstheorie*, 1996 |
| Sumatra | Orkan in England | J. Schwartz, *The Creative Moment*, 1992 |
| Der Garten meiner Tante | Wirbelsturm in Manila | *Science & Vie Junior* |
| Bucht von Sydney | Wirbelsturm über Jamaika | *Les Echos*, 18. 04. 90 |
| Peking | Westküste der USA | *La Recherche*, 10. 90 |
| Peking | New York | M. Crichton, *Jurassic Parc*, 1992 |
| Libelle über dem Chinesischen Meer | Orkan in der Karibik | *Havana*, Film von Sidney Pollack |
| Brasilien | ? | *Pour la Science*, 04. 92 |
| Rio | San Francisco | H. Reeves, *Dernières nouvelles du cosmos*, 1994 |
| Trop. Regenwald Amazoniens | Wirbelsturm in Bangladesh | France Inter, 06. 93 |
| Rio | Tornado in Japan | *Explora*, 1989 |
| Chinesische Mauer | Paris | *Actuel*, 1990 |
| Brasilien | Texas | A. Boutot, *L'Invention des formes*, 1994 |

| **Aufenthaltsort des Schmetterlings** | **Ort der Katastrophe** | **Quelle** |
|---|---|---|
| Amazonien | Mexiko | J.-E. Hallier, *Nouvel Observateur*, 06. 94 |
| Philippinen | Kalifornien | J.-F. Kahn, 1994 |
| Tokio | Brasilien | I. Stewart, *Chaos – Antichaos*, 1994 |
| Tokio | Chicago | B. Appleyard, *Understanding the Present*, 1994 |
| Australien | Orkan über dem Limousin | *Sciences et Avenir*, 09. 94 |
| Brasilien | Schneesturm in Alaska | J.-L. Casti, *Complexification*, 1994 |
| Verbotene Stadt/Peking | Wirbelsturm über Jamaika | *La Recherche*, 10. 90 |
| Antillen | Ozeanien | France Culture, 06. 92 |
| China | Wirbelsturm in Florida | *Libération*, 03. 03. 94 |
| Peking | New York | *Nouvel Observateur*, 04. 04. 91 |
| Bucht von Sydney | Wirbelsturm über Jamaika | *Quotidien du médecin*, 06. 06. 91 |
| Rio | Paris | *Pour la science*, 10. 91 |
| Schanghai | Gewitter über New York | *Libération*, 23. 03. 92 |
| Brasilien | Gewitter über London | *Sunday Times*, 31. 01. 93 |
| Peking | New York | *Libération*, 07. 07. 93 |
| Rio | Chicago | *Scientific American*, 08. 91 |
| Martinique | China | *L'Événement du Jeudi*, 24. 02. 94 |
| Afrika | Jamaika | France Culture, 09. 11. 94 |
| Australien | Sturm in Brasilien | *Sciences et Avenir*, 12. 94 |
| Tokio | Wirbelsturm über Jamaika | *Le Monde*, 22. 02. 95 |
| Rio | Orkan in Bangladesh | *The New York Times Book Review*, 09. 10. 94 |
| Singapur | Orkan in Florida | *Pour la Science*, 02. 94 |
| Amerika | Taifun in Hongkong | R. Matthews, *Und Gott hat doch gewürfelt, 1994* |

## *Im Namen der Wissenschaft*

In der französischen Literatur taucht das Wort »science« (dt. Wissenschaft) zum ersten Mal um 1080 im *Rolandslied* auf, das dem Barden Turoldus zugeschrieben wird: *Puis sunt muntez e unt grant science*. Übersetzt: »Sie steigen in den Sattel und lenken geschickt.« Es handelt sich um die Nachhut unter dem Kommando des kühnen Roland, der sich anschickt, so berichtet Turoldus, sich von den Sarazenen niederwalzen zu lassen. Dem lateinischen *scientia* entlehnt, verliert das Wort mit zunehmender Französisierung die Bedeutung, die es in Rom hatte, nämlich die von theoretischem Wissen. Erst drei Jahrhunderte später wird es sie wiedererlangen. Nicht daß die Wissenschaft des Aristoteles während dieser Zeit von der Erdoberfläche verschwunden wäre; sie wird unter den Kapetingern, ganz im Gegensatz zu Bagdad, Peking oder Byzanz, einfach nicht oder nur wenig gepflegt. Am Bosporus lehrt man sie unter dem Namen *Quadrivium*. Zu diesem Vierergespann aus Arithmetik, Geometrie, Musiktheorie und Astronomie gesellt sich zuweilen noch die Physik. Doch hat es nichts mit jener *science* gemein, die für Turoldus ganz einfach die vollkommene Geschicklichkeit des Fachmanns ist, sei er nun Reiter, Kuchenbäcker oder Maurer. Bescheidener Anfang für ein Wort, das tausend Jahre später, kaum ausgesprochen, eine würdevolle Gewichtigkeit ausstrahlt, die schon von weitem nach Ordensspangen und anderem riecht, will man jenen TV-Epen Glauben schenken, die uns heute die Abendstunden verzaubern.

Diese erstaunliche Vision, die wir dem Graveur William Hogarth (1697–1764) verdanken, macht den Zusammenhang zwischen der mechanistischen Philosophie und der anglikanischen Naturtheologie deutlich, wobei das Gesicht der Wissenschaft die Form eines Parallelepipedons aufweist.

Eine vor kurzem ausgestrahlte Sendung trug den Titel: »Wissenschaft – sie verändert unser Leben.« Obwohl man sich als Subjekt dieser Aussage mühelos auch andere Vokabeln (wie Tod, Wein, Liebe...) vorstellen kann, war es zumindest der Ansatz zu einer Definition. Da nun ein so schweres Stück Wild auf jeden Fall deutliche Spuren hinterlassen muß, konnte man hoffen, aus der Inhaltsübersicht im Vorspann der Sendung Genaueres über diese Definition zu erfahren. Wie sich herausstellte, ging es um Veränderungen, die im Laufe der letzten achtzig Jahre durch die Wissenschaft oder zumindest in ihrem Namen eingetreten waren.

Die erste dieser Veränderungen zeigte sich, freilich unbeabsichtigt, schon in der abgehackten Form der Darstellung, die immer wieder das Interesse eines Publikums wecken sollte, von dem man allgemein annimmt, daß es eher auf den Wechsel der Melodie als auf die Melodie selbst reagiert. Was die anderen anbelangt, wurde der Zuschauer in wildem Zickzackkurs auf ein sonderbares Meer hinausgeschickt, wo der jeder einzelnen Sequenz vorangestellte Titel wie das Kriegsbanner einer siegreichen Flotte knatterte: »Das Zeitalter der absoluten Präzision«, »Die Verkehrsmittel der Zukunft«, »Mit Lichtgeschwindigkeit kommunizieren«. Welle um Welle konnte er so verfolgen, wie die Videospiele das Tanzlokal im Grünen ablösten, die Kernkraftwerke den Kohleneimer, die Formel-1-Rennwagen die Kutschen, die Atomuhr die Taschenuhr und die Antibabypille das Ritual von Kiusaku Ogino.

Zu Turoldus' Lebzeiten hätte ein aufgeklärter ferner Vorfahre des obigen Produzenten in einem Bild der Wissenschaft vermutlich weder die Wasseruhr von Su Song, auf die der Kaiser von China so stolz war, weil sie die Bewegung von Sonne, Mond und Sternen mit einer bis dahin nicht gekannten Regelmäßigkeit nachvollzog, noch die Einführung der Dezimalschreibweise in Spanien durch arabische Gelehrte, noch die Tatsache, daß Tseng Kung Liang im *Wu Ching Tsung Yao* eiserne Fische beschreibt, die den Süden anzeigen können, oder gar die Lösung einer Gleichung dritten Grades durch den Perser Omar Khayyam erwähnt. Vielleicht hätte er sich darüber ausgelassen, daß die Italiener gelernt hatten, Alkohol zu destillieren, daß der Halleysche Komet die Niederlage bei Hastings ankündigte oder daß ein neuartiges Zuggeschirr mit starrem Kummet die Arbeit der Zugpferde erheblich erleichterte. Diese Themenwahl hätte er allerdings weniger aus Ignoranz getroffen, als vielmehr in dem Bemühen, dem Rechnung zu tragen, was in seinen Augen Wissenschaft bedeutete – im wesentlichen nämlich »Können«. Sein Nachfahre tut heute auch nichts anderes, als das Wort »Wissenschaft« so zu definieren, wie er es empfindet. Und seine Botschaft ist unmißverständlich: Die Wissenschaft kann euch retten, sie kann euch töten, sie kann euch schneller und weiter befördern; die Wissenschaft kann was ihr wollt, ob ihr wollt oder nicht. Im Grunde genommen ist sie der Geist der (Wunder-)Lampe, der Diener des Vogels Roch, der dienstbare Geist, den Aladin rief, um seine Prinzessin und ihr Königreich zu erobern.

In gleichsam symmetrischer Weise hat ein mysteriöser Krimineller, der mit *Unabomber* unterzeichnete, seit 1978 in den USA eine Serie von 23 Attentaten verübt. Drei Menschen starben, nachdem sie seine mit Sprengladungen versehenen Briefe erhalten hatten. Charles Epstein, der Spezialist für die Alzheimerkrankheit und das Down-Syndrom, verlor auf diese Weise einige Finger. David Gelernter, der Erfinder eines Programms, das in Erinnerung an Lady Lovelace, die Tochter des Dichters Lord Byron und Co-Architektin des ersten Computers der Geschichte, den hübschen Namen Ada trägt, bleibt für sein Leben entstellt. Die einzige Verbindung zwischen den Opfern (neben Universitätsangehörigen dem Vertreter einer Fluggesellschaft und zwei Computerverkäufern) besteht in ihrer Arbeit, die, aus der Ferne allerdings mehr als aus der Nähe, mit hochentwickelten Technologien zu tun hat. Die Auswahl war groß. Unter Androhung weiterer Briefbomben verlangte und erhielt *Unabomber* im September 1995 die Möglichkeit, in bestimmten Zeitungen ein Manifest von 35000 Wörtern zu veröffentlichen[1].

Dieses Manifest über »Die Industriegesellschaft und ihre Zukunft« erschien in der *Washington Post*. Hier steht zu lesen, daß die Beweggründe der Wissenschaftler weder Neugier noch das Wohl der Menschheit sind, sondern pures Machtstreben, und daß die Wissenschaft je nach Laune der Forscher, Politiker und Wirtschaftsführer einem blindem Fortschritt ausgeliefert ist. Lassen wir einmal die zerstörerischen Motive des Autors selbst beiseite und schauen uns das Nebulöse an, das er anzugreifen meint. Wie sieht er die Wissenschaft? Die Wahl seiner Zielscheiben läßt vermuten, daß er genau dieselbe Einstellung hat wie der oben erwähnte Fernsehproduzent. Der Explosion des Wissens, die der eine zu erkennen glaubt, entsprechen die tatsächlichen Explosionen derer, die der andere für die blinden Lakaien eben dieses Wissens hält. Beim Erlöschen der Scheinwerfer verwandelt sich der gute Produzent Dr. Jekyll in einen

1. Mit der Veröffentlichung seines Opus enthüllte *Unabomber* seinen Stil, der von seinem Bruder identifiziert wurde Anfang April 1996 überprüfte das FBI die Personalien von Ted Kaczynski, einem Harvardabsolventen und ehemaligen Mathematikprofessor an der Universität Berkeley, der wie ein Einsiedler in einer abgelegenen Hütte in Montana lebte. Diesen Unterschlupf verließ er nur, um seine grauenhaften Päckchen aufzugeben.

Mister Hyde, der wie besessen Briefe mit Dynamit oder Plastiksprengstoff verschickt. Eine einfache Metapher, um deutlich zu machen, daß sie beide dieselbe Vorstellung von der Wissenschaft haben, auch wenn sie zu völlig gegensätzlichem Verhalten führt.

Natürlich gibt es zwischen dieser synkopen Sicht unserer mysteriösen Heldin und ihrem wahren Gehalt ebenso viele Unterschiede wie zwischen dem Epos vom Besitzer des Schwertes Durendal und der Expedition von Haudegen, die Karl der Große unternimmt, um einem Muslimführer gegen den Emir von Córdoba beizustehen. Auf dem Rückmarsch von diesem Feldzug wird die fränkische Nachhut, darunter Roland, der Markgraf der Bretonischen Mark, in den Pyrenäen von feindlichen Basken oder Gascognern, die bestimmt nicht zwischen einem guten Christen und einem schlechten Heiden unterscheiden konnten, niedergemetzelt.

Zwischen der Wissenschaft, wie sie die Öffentlichkeit erträumt oder die Medien feiern, und der Wissenschaft, wie sie die Forscher täglich praktizieren, besteht dieselbe Diskrepanz wie zwischen Heldensage und Reisetagebuch. Völlig unerwartet hat diese Diskrepanz uns mitten in eine Felsspalte zwischen zwei Ufern geführt, in einen Bereich, den die Wissenschaftler angeblich den Historikern und Philosophen vorbehielten, nämlich den der Mythen. Am linken Ufer der ungeheure Erfolg des Abenteuers Wissenschaft, am rechten sein überraschendes Fernbleiben vom Schauplatz der Kultur.

Am Anfang steht nämlich ein erstaunlicher Erfolg, dem der Mann auf der Straße sicher mit gemischten Gefühlen begegnet. Vertraut er der Wissenschaft? Einer der Gründe, die ihm dieses Vertrauen einflößen könnten, liegt darin, daß er ihre Realität in der Technologie wahrnehmen kann. Als am 15. Oktober 1783 der Marquis d'Arlandes und der Physiker Pilâtre de Rozier im Ballon über Metz hinweg fahren, nehmen die unsichtbaren Gase, von denen Lavoisier spricht, Gestalt an. Als am 6. August 1945 in Hiroshima die Atombombe explodiert, erschüttert die Energie aus dem Atomkern die Gemüter. Vom Traum des Ikarus bis zum Feuer des Prometheus ist es immer der Beweis, der die Verbindung zum Unsichtbaren herstellt. Das Postulat, die Technologie sei der Beleg für die Autorität der Wissenschaften, ist so zugkräftig, daß die Verfechter der Grundlagenforschung es bei jedem neuen Kreditantrag wieder ins Feld führen. Daher rührt zum Beispiel die kämpferische Feststellung des Leiters der amerikanischen National Science Foundation, der vor kurzem erklärte: »Die Öffentlichkeit hört, daß wir in der Wissenschaft die Nummer eins sind, und fragt sich, warum sie in ihrem Alltag nichts davon spürt. Das einzige, was in diesem Land funktioniert, scheint keine Dividende abzuwerfen.«

Denn die Öffentlichkeit hat zwar Vertrauen, verlangt aber immer neue Wunder. Und in einer Zeit, da jedes Jahr sein Quantum an größten Entdeckungen des Jahrhunderts bekommt, stumpft sie allmählich ab. Immer weniger fähig, die Tugenden der Wissenschaft wahrzunehmen, sieht sie vor allem ihre Laster. Nach und nach hat sich der Gedanke ausgebreitet, daß die Wissenschaft dem Menschen ebensoviel Schaden wie Nutzen bringt. Wir stellen fest, daß sich die Wissenschaft im Verhältnis zum moralischen Empfinden des Menschen zu schnell entwickelt hat, und stehen resigniert und gleichgültig vor einer Macht, die wir nicht fassen können, vor diesem schwarzen Kasten, aus dem scheinbar zufällig Objekte herauskommen wie ein Mittel gegen Migräne, ein Lasergerät oder ein phantastisches Fabelbuch, in dem sich die fernen Götter des unendlich Kleinen, vom Boson bis zum Quark, ebenso tummeln wie die imposanteren des unendich Fernen, die alles verschlingenden Schwarzen Löcher, die apoplektischen Roten Riesen oder die zusammengeschrumpften Weißen Zwerge.

Gewiß, der alltägliche Diskurs zeugt immer noch von der wachsenden Bedeutung, die man der Wissenschaft beimißt. In der Werbung steht der makellose Laborantenkittel nach wie vor für die stille Kraft der wissenschaftlichen Vernunft, diese objektive Wahrheit, die die Wissenschaftler mit hellseherischen Fähigkeiten ausstattet. Befürchtungen oder Gefahren? Jedes Problem findet seine Lösung: die Wissenschaft wird es schon richten … vorausgesetzt, die Finanzspritze ist groß genug. AIDS ist ein rein finanzielles Problem, empörte sich Act Up 1993. Will heißen: Die Wissenschaft hat die Antworten; es ist schlicht eine Frage der Zeit und des Geldes, so als ließe sie sich auf eine Planung nach den Standards der Produktivität reduzieren, als gäbe es eine Methode, die im voraus die Entdeckung garantierte. Welch sonderbares Paradox: Außerhalb der Wissenschaft erhoffen wir uns keinerlei Wohltaten mehr, stellen aber in der Praxis fest, daß das, was aus dem schwarzen Kasten herauskommt, ebenso unerwartet ist, wie das, was nicht herauskommt, erwartet wird.

Das Merkwürdigste steht aber noch bevor. Die Fülle der Entdeckungen und Erfindungen kontrastiert, wie wir sagten, mit dem Fernbleiben vom Schauplatz der Kultur. Symptomatisch für diese Abwesenheit ist das Verschwinden der heißen Debatten, die sich die nichtwissenschaftliche Öffentlichkeit über die Newtonsche Theorie, den Evolutionismus von Lamarck und Darwin oder Einsteins Relativitätstheorie lieferte. Die großen Auseinandersetzungen der letzten Jahrzehnte, die die Titelseiten der Magazine eroberten, drehten sich um wirtschaftliche, ethische, dogmatische oder technische Belange. Man ereiferte sich im Namen einer unerschöpflichen Energiequelle für oder gegen die kalte Kernfusion, eine Debatte, für die der Kampf eines chemischen

Davids gegen die Goliaths der thermonuklearen (heißen) Reaktion den Hintergrund bildete. Man hat lange und heftig darüber gestritten, ob das Wasser ein Gedächtnis hat (auf jeden Fall hat es sein Martyrium und seine Inquisitoren). Man sorgt sich zu Recht um die Kontrolle der Genmanipulationen, aber das ist wohl die einzige Kontroverse, in der es letztlich auch um unsere Sicht der Welt oder zumindest die unserer Zukunft geht. Die anderen spiegeln eher die heiklen Beziehungen zwischen Wissenschaftlern und Medien als den Zustand der Wissenschaften selbst wider.

Allerdings ist die Aufgabe alles andere als leicht. Der wissenschaftliche Sprachgebrauch in den einzelnen Disziplinen ist mittlerweile so spezialisiert, daß es innerhalb einer Disziplin Sparten und Untersparten gibt, zwischen denen der Dialog ungefähr so schwierig ist wie zwischen einem Papua und einem Navajo. Zudem haben die Physiker, Kosmologen und Genetiker mit ihren Scheinwerfern seit einem halben Jahrhundert ein eher verwirrendes Licht auf die Natur geworfen. So etwa in die Welt der subatomaren Teilchen, wo das Elektron ebenso wie die anderen Bestandteile der Materie nicht mehr ein in der Raumzeit lokalisiertes Objekt ist, sondern ein merkwürdiges Ding, das mal als Welle, mal als Teilchen erscheint, aber weder das eine noch das andere ist. Oder wie in der Kosmologie und der Elementarteilchenphysik, wo die untersuchten Reaktionen innerhalb einer Zeitspanne ablaufen, die mehr als eine Milliarde mal kürzer oder länger ist als jede Zeit, die wir uns vorzustellen vermögen. Aber der operationale wie begriffliche Reichtum dieser Schlaglichter erschließt sich nur den Wissenschaftlern. Angesichts der Schwierigkeit, eine Welt zu erforschen, die der unseren so fern ist, spielen sie selbst mit Metaphern. Nach der Vorstellung des Astronomen Fred Hoyle haben vor einigen Milliarden Jahren

Außerirdische auf der Durchreise das Leben auf der Erde ausgesät. Und der Big Bang ist nicht die geringste unter diesen Metaphern, die uns unmittelbar an die Quellen des Mythos führen. Denn von dem, was die Wissenschaftler uns sagen, behalten wir kaum mehr als diese Bilder.

Wir glauben an die Schwarzen Löcher wie die fränkischen Bauern an die Geister des Waldes. Wer von seltsamen Attraktoren, von Katastrophentheorien, intermediären Bosonen oder Fraktalen reden hört, wird gerne eingestehen, daß es sich dabei für ihn um leere Worte handelt, ja er sich nicht einmal eine Vorstellung davon machen kann, auch wenn die Melodie mancher Wörter recht eingängig ist. »Up«, »Down«, »Strange«, »Charm«, »Bottom«, »Top« – das sind die Spitznamen der Quarks. Gewiß, die Berechnungen der Physiker zeigen die Realität der Quarks auf, aber ihre Experimente bekommen erst einen Sinn, wenn sie in die mathematische Sprache übertragen werden. Den meisten von uns erscheint diese Welt seltsam, wenn nicht sogar übernatürlich. Genau hier findet der Verzicht auf die Kultur statt und ruft eine ebenso heftige wie unbewußte Gegenreaktion hervor. Warum? Weil, so Lévi-Strauss, »alles genau umgekehrt verläuft wie bei den Gesellschaften ohne Schrift, wo das auf Erfahrung beruhende Wissen weit hinter der Einbildungskraft zurückblieb. Bei uns übersteigt das Erfahrungswissen die Vorstellungskraft dermaßen, daß diese in ihrer Unfähigkeit, die Welt, deren Existenz man ihr enthüllt, zu begreifen, nur noch beim Mythos Zuflucht suchen kann«. Um 1850 behaupteten die Szientisten, wir gingen von einem Zeitalter der Finsternis zum Licht über, weil die Wissenschaft von nun an die Wahrheit entdecken und falsche Vorstellungen, Religionen, Traditionen und Mythen zerstören würde. »Und siehe da,« schließt Lévi-Strauss, »der Dialog mit der Wissenschaft ist es, der das mythische Denken wieder aktuell macht.«

*Theoretisch* liegt die Erklärung des Crookesschen Radiometers in der Tatsache, daß das Licht von den schwarzen Seiten der Flügel absorbiert und von den weißen reflektiert wird. Letztere sind einem stärkeren Strahlungsdruck ausgesetzt, werden also vom Licht »geschoben«. Bei den handelsüblichen Radiometern sind es aber ganz im Gegenteil die schwarzen Seiten, die sich vom Licht entfernen. Da in dem Glaskolben kein vollkommenes Vakuum herrscht, sind die schwarzen Seiten wärmer als die weißen und stoßen die mit erhöhter Geschwindigkeit auf sie auftreffenden Moleküle wieder ab, was eine Rücklaufbewegung zur Folge hat. Das Crookessche Radiometer dreht sich also verkehrt herum, ein Grund mehr, daraus ein Symbol des wissenschaftlichen Mythos zu machen.

## *Das Schiff des Teufels*

Eine Gesellschaft, für die Donatello ein Ninja Turtle und Sokrates ein System der Reisezugreservierung ist, neigt zur Ratlosigkeit. Die könnte auch den Leser befallen, der in diesem Buch mit dem Wort »Mythos« konfrontiert ist. Wenn jemand James Dean oder Marilyn Monroe einen Mythos nennt, meint er sicher etwas anderes als wenn der Wirtschaftsjournalist über den »Mythos Vollbeschäftigung« oder Mircea Eliade über den melanesischen Mythos der Erschaffung Nugus durch Ipila schreibt. Es gibt kaum Worte, deren Bedeutung heutzutage so »fließend« ist. Die Aussage, daß die Wissenschaft und die über sie kursierenden Anekdoten ebenso dem rationalen wie dem mythischen Denken unterliegen, setzt voraus, daß der Mythos implizit durch seine Funktion definiert wurde, nämlich die, Menschen um ein und dieselbe Vorstellung vom Universum und vom Dasein zu scharen, zu beschreiben, wie sich das Schicksal der Gesellschaft abspielt und wie es zutage tritt, und schließlich, Widersprüche oder Skandale aufzulösen. Welche Vorstellung, welches Schicksal, welcher Widerspruch, welcher Skandal?

Fangen wir mit einer Vorstellung an, zum Beispiel der des französischen Wörterbuchs *Petit Robert,* in dem Wissenschaft als »in Gesetzen zum Ausdruck gebrachtes exaktes, universelles und verifizierbares Wissen« definiert wird. Das ist die ewig gleiche Vorstellung von dem großen Stabilbaukasten des Universums, dessen feine Mechanismen wir erfassen könnten.

Als nächstes ein Schicksal – die Geheimnisse des Universums zu enthüllen –, das deckt sich nur mit einem ganz geringen Teil der gegenwärtigen wissenschaftlichen Forschung; der weitaus größere Teil scheint eher auf die Möglichkeiten des Eingriffs in die Natur als auf das Verständnis ihrer Gesetze ausgerichtet zu sein. Verstehen oder handeln? Wir haben uns schon vor langer Zeit für die zweite Lösung entschieden. »In meiner Jugend«, schrieb der Biologe Erwin Chargaff, »lautete der Schlachtruf: ›Wissen!‹, heute rufen die jungen Wissenschaftler eher: ›Macht!‹«

Nun ein Widerspruch: Das rationale Denken an sich scheint ausschließenden Charakter zu haben und alles, was nicht dazugehört, in die Schubladen »Religionen« und »Mythen« zu verbannen. Dabei ist die wissenschaftliche Wahrheit nicht die einzige auf der Welt, und es ist ja gerade die Aufgabe des Mythos, das zu sagen, was anders nicht gesagt werden könnte.

Und schließlich ein Skandal: Wie paßt das reine, uneigennützige Streben nach Erkenntnis zu einem Jahrhundert, das zwei Weltkriege, Hiroshima und zahllose Umweltkatastrophen erlebt hat und im bedrohlichen Schatten der Genmanipulationen endet?

Diese Sorge ist Bestandteil des Kitts, der den Zusammenhalt unserer wissenschaftlichen Mythen sichert. Keineswegs neu (»Wissenschaft ohne Gewissen...«), hatte sie schon bei Rabelais ihre volle Reife erreicht: »Die Schlange, das Symbol der Erkenntnis, hat die Erde erobert«, schreibt der Philosoph Ernst Jünger, »die Frage ist nun, ob sie sich hinter der Wissenschaft versteckt«. Außerdem ein Symbol des Teufels. Einfacher als alle anderen hat es ein Schriftsteller zum Ausdruck gebracht; mit ihm kommen wir auf direktem Weg zur Akte Frankenstein zurück: 1860 ließ der ehrenwerte Thomas Love Peacock Doktor Opiamus, eine seiner Romanfiguren aus *Gryll Grange* sagen: »Ich komme zu der Auffassung, daß das eigentliche Los der Wissenschaft die Ausrottung der menschlichen Rasse ist.« Um zu dieser Schlußfolgerung zu gelangen, zählt Peacock, ein Freund des Dichters Shelley und seiner Frau Mary, bunt durcheinandergewürfelt die Übel seiner Zeit auf: Explosionen in Schießpulverfabriken und Schiffskesseln, Schlagwetterexplosionen in den Bergwerken, Weiterentwicklung von Revolvern, Gewehren und Kanonen, Abfälle, die zu Gift werden, die Verschmutztung der Londoner Luft, die dazu führen würde, daß »bald kein lebendiges Ding mehr ungestraft wird atmen können«, Arbeitslosigkeit, verursacht durch eine Wissenschaftsmaschinerie, die das Handwerk vernichtet und die Menschen in den Städten konzentriert. Vor allem brandmarkt er Unglücke und Schiffskatastrophen als Folge eines Geschwindigkeitswahns, der »so häufig anzutreffen ist bei Leuten, die am Ende des Wettrennens ohnehin nichts zu tun haben, aber dahinrasen, als wäre jeder von ihnen Jupiters Bote Merkur in Person«.

Woher rührt diese düstere Philippika? Im Jahr 1819 tritt Peacock in den Dienst der East India Company, einer Gesellschaft, deren Vermögen auf einem Dreiecksgeschäft beruhte: dem Opium von ihren bengalischen Plantagen, dem Tee von den Opium rauchenden Chinesen und dem Geld von den Tee trinkenden Engländern. Er stieg die Karriereleiter hinauf, bis er 1836 den begehrten Posten des Chefinspektors übernahm. In dieser Funktion war er der eifrigste Fürsprecher einer neuen Generation von Kanonenbooten, deren Prunkstück 1840 die *Nemesis* war: Schlank und rassig tanzte sie dank ihrer zwei 60-PS-Motoren auf den Wellen, konnte mit ihrem geringen Tiefgang mühelos flußaufwärts fahren und besaß vor allem eine im Verhältnis zu ihrer Größe beeindruckende Bewaffnung: zehn kleine

Kanonen, zwei 32-Pfünder, Mörser und sogar einen Raketenwerfer. Und das Ganze war durch eine Panzerung rundum geschützt. Ein wahres Prachtexemplar, dieses Dampfboot!

Im Gegensatz zu den Handelsfürsten der City beobachtete die britische Admiralität mit einigem Argwohn, wie dieses häßliche, kohlengeschwärzte Bügeleisen sich zwischen den großen weißen Schwänen ihrer Flotte einnistete. Allerdings muß man dem Seemann zugestehen, daß ein eiserner Schiffsrumpf auch einen wesentlichen Nachteil mit sich brachte: Durch das viele Metall abgelenkt, spielten die Kompaßnadeln verrückt und schlugen wild aus. Was nun? Nun trat die Fee der Wissenschaften auf den Plan und erleuchtete die Hirnwindungen des königlichen Astronomen George Airy. Der entdeckte 1838 eine Methode, mit der man die Ablenkung durch den Schiffsmagnetismus ausschalten konnte. Drei Jahre später fuhr die Tochter der Nacht den Perlfluß hinauf, wo sie von Kanton bis Whampoa Angst und Schrecken verbreitete. Und das in einem solchen Ausmaß, daß die Soldaten des »Himmlischen Reichs des höchsten Friedens« sie das Schiff des Teufels nannten... So wurde der erste Opiumkrieg gewonnen.

Dieses Histörchen enthält die Zutaten eines erfolgversprechenden Rezepts: Man nehme ein paar innovative Techniken – Schaufelrad und eisernen Schiffsrumpf – und überlasse sie ein paar Visionären, die in der Lage sind, daraus ein geeignetes Instrument zur Erlangung von Macht und Geld zu fertigen. Dazu gebe man einen florierenden Handel: Das Opium war der erste seiner Zeit. Und schließlich ermangele es nicht der Mitwirkung eines anerkannten Gelehrten, des Leiters der königlichen Sternwarte von Greenwich, der sich in direkter Abhängigkeit von einer Admiralität befand, für die die Vermessung der Sterne hauptsächlich den Navigationszwecken der Flotte diente. Das ist der reale Hintergrund, vor dem Peacock schreibt. Seine Gewissensbisse sind nicht unberechtigt, aber gibt es einen Grund, einen Gelehrten zu geißeln? Sind die Astronomen insgeheim verantwortlich für den kriegerischen Feuereifer der Herren der Meere? Gebührt den Ingenieuren und Schmiedemeistern, die diesen furchtbaren Eisenpfeil entwickelt hatten, ein besonderer Platz auf der Anklagebank? Kurz, wie soll man den Papa des Monsters identifizieren? Doktor Frankenstein? Ja, wo hat denn der sich jetzt wieder verkrochen?

Auf dieser Reise, auf der die schöne *Nemesis* ihre Fähigkeiten unter Beweis stellt, macht Peacock einen Schuldigen aus, indem er seiner Unwissenheit einen Namen gibt: Es wird die Wissenschaft sein. Den neuen Gegebenheiten angepaßt, überraschten seine Ausführungen auch heute niemanden. Denn die einzige Frage, die in der nichtwissenschaftlichen Welt zählt, ist wohl die, ob die Wissenschaft uns nicht demnächst ein noch schrecklicheres Monster als die bisherigen ausbrüten wird. Die Sorge des Doktor Opiamus hat nichts von ihrer Aktualität verloren.

In diesem Buch haben wir uns unter Personen und Begriffen getummelt, die einen über sie hinausgehenden Mythos begründen. Zu den Helden der Anfänge, da Vinci oder Archimedes, gesellten sich die beruhigende Gestalt Einsteins, die UFOs – ebenfalls beruhigend, da (zumindest technologisch) aus unserer Zukunft gekommen und folglich ein Beweis dafür, daß wir vielleicht eine haben –, dann das Chaos auf den Flügeln des Lorenzschen Schmetterlings oder die Unbestimmtheitsrelation hinter den Pupillen von Schrödingers Katze. Andere Anekdoten hätten sie begleiten können, ausgehend von den Dinosauriern, die eine ihrer Monstrosität entsprechende Faszination ausüben, und dem

Endzeitmythos, den ihre Geschichte hervorruft. Sie alle unterstreichen letztlich eine einfache, wenn auch paradoxe Tatsache.

Die Wissenschaft und der Mythos sind nicht zwei einander fremde Welten. Ohne mythisches, religiöses Denken gäbe es auch keine Wissenschaft. Kepler war ebenso Astrologe[1] wie Astronom, Newton war Alchimist. Bohr hatte den »Weg der Mitte«, das Tao, gewählt, Schrödinger war ein Hinduismuskenner, und man könnte noch eine ganze Reihe Namen herunterbeten, angefangen bei Paracelsus über Harvey und Glauber bis hin zu Gilbert, die, obwohl sie an die *anima mundi*, den »Geist«, die göttliche Harmonie der Gestirne glaubten, nicht minder Pioniere der modernen Wissenschaft waren. Eine solche Litanei hätte natürlich wenig Sinn, ginge es nur darum aufzuzeigen, daß die Gelehrten letzten Endes auch alle Menschen sind (Einsteins Zunge in Posterformat würde uns notfalls daran erinnern); sie soll auch deutlich machen, in welchem Maße die Wissenschaft zwar an der Gestaltung unserer Weltsicht beteiligt ist, zugleich aber von der sie umgebenden Welt selbst ständig geformt wird.

Daß sie sich im Gegenzug als Fundgrube für unsere Mythen anbietet, ist eher ein Zeichen von Stärke. Das Gegenteil würde vermutlich auf eine Verkümmerung hindeuten, an deren Ende die Unfähigkeit stünde, die großen Anfänge der modernen Wissenschaft, ihren Schöpfungsmythos, wenn man so will, in den Farben unserer Epoche neu zu entwerfen. Entfernen Sie die dunklen Seiten von Crookes' Radiometer, und es wird aufhören, sich zu drehen.

1. Und das ist kein Plädoyer für die Pseudowissenschaften. Allein in Frankreich leben 40000 bis 50000 Menschen davon; es gibt 6000 Astrologen und über 500 BTX-Anbieter. Im Vergleich dazu arbeiten am CNRS etwa 11000 Forscher und Ingenieure.

# *Bibliographie*


## *Die Zisterne Gottes*

Roland Barthes, *Mythen des Alltags*, Frankf./M. 1996

Claude Lévi-Strauss, *Die Luchsgeschichte*, München 1996

## *Die Badewanne des Archimedes*

Archimedes, *Les Corps flottants*, Paris 1970

Michel Serre, *Elemente einer Geschichte der Wissenschaften*, Frankf./M. 1994

Dijksterhuis, *Archimedes*, Princeton 1987

## *Leonardos Tagebücher*

Charles Truesdell, »Great Scientists of Old as Heretics«, in: *The Scientific Method*, Charlottesville 1987

Charles Gillispie, *Dictionary of Scientific Biography*, Princeton 1981

## *Die Möbel des Bernard Palissy*

Bernard Palissy, *De l'art de terre, de son utilité, des esmaux et du feu*, 1580, Neuaufl. Caen 1989

## *Das Perpetuum mobile*

Arthur W. J. G. Ord-Hume, *Perpetual Motion, the History of an Obsession*, New York 1977

Sadi Carnot, *Betrachtungen über die bewegende Kraft des Feuers und die zur Entwicklung dieser Kraft geeigneten Maschinen*, Neuausgabe hg. von R. U. Sexl und K. v. Meyenn, Wiesbaden 1986

*Newtons Apfel*

Richard Westfall, *Isaac Newton. Eine Biographie*, Frankf./M. 1996
Loup Verlet, *La Malle de Newton*, Paris 1993
John Fauvel et al., *Newtons Werk*, Basel 1993
John Maynard Keynes, »Newton, le dernier des magiciens«, *Alliage*, Nr. 22, Frühjahr 1995

*Frankenstein*

Mary W. Shelley, *Frankenstein*, übers. v. Friedrich Polakovics, Frankf./M. o.J.
André Maurois, *Ariel ou la vie de Shelley*, Paris 1947
Muriel Spark, *Mary Shelley*, New York 1987
Monette Vacquin, *Frankenstein ou les délires de la raison*, Paris 1989

*Das fehlende Glied in der Kette*

John Bowlby, *Charles Darwin*, London 1990
Gillian Beer, *La Quête du chaînon manquant*, Synthélabo, »Les empêcheurs de penser en rond«, 1995
Marcel Blanc, *Les Héritiers de Darwin*, Paris 1990
Michael Denton, *Evolution: a theory in crisis*, London 1985

*Der Maxwellsche Dämon*

David Locke, *Science as Writing*, New Haven 1992
Ian Barbour, *Myths, Models and Paradigms*, San Francisco 1976

*Der Fortschritt läßt sich nicht aufhalten*

Robert Nisbet, *History of the Idea of Progress*, London 1980
Franco Ferrarotti, *The Myth of Inevitable Progress*, Westport 1985

*Kekulés Schlange*

Stanislas Klossowski de Rola, *Alchimie, florilège de l'art secret*, Paris 1974 (enthält *La Fontaine des amoureux de science)*
Pierre Thuillier, »Du rêve à la science: le serpent de Kekulé«, in: *D'Archimède à Einstein, les faces cachées de l'invention scientifique*, Paris 1988

*Die Tabelle des Mendelejew*

Bernadette Bensaude-Vincent, »Mendelejew, Geschichte einer Entdeckung«, in: Michel Serre, *Elemente einer Geschichte der Wissenschaften*, Frankf./M. 1994

*Alfred Nobels Geliebte*

Elisabeth Crawford, *La Fondation des prix Nobel scientifiques, 1901–1915*, Paris, Berlin 1988

Kenne Fant, *Alfred Nobel*, Basel 1995

*$E = mc^2$*

Roland Barthes, »Einsteins Gehirn«, in: *Mythen des Alltags*, Frankf./M. 1996

Alan J. Friedman, Carol C. Donley, *Einstein as Myth and Muse*, Cambridge 1985

Gerald Holton, *Themata zur Ideengeschichte der Physik*, Braunschweig, Wiesbaden 1984

Albert Einstein, *Œuvres choisies*, Paris 1989–1993

»Einsteiniana« (dossier), *Alliage*, Nr. 22, Winter 1989

*Matila Ghykas goldene Zahl*

Marguerite Neveux, *Le Nombre d'or, radiographie d'un mythe*, Paris 1995

Matila Ghyka, *Le Nombre d'or*, Paris 1995

Benoît Mandelbrot, *Die fraktale Geometrie der Natur*, Basel 1991

*Schrödingers Katze*

Erwin Schrödinger, *Physique quantique et Représentation du monde*, Paris 1992

Walter Moore, *Schrödinger, Life and Thought*, Cambridge 1990

J.-M. Lévi-Leblond, Françoise Balibar, *Quantique*, Paris 1987

*Die UFOs*

Keith Thompson, *Engel und andere Ausserirdische*, München 1996

Pierre Lagrange, »Enquêtes sur les soucoupes volantes«, *Terrain*, Nr. 14, März 1990, S. 92–112
Jean-Bruno Renard, *Les Extra-terrestres*, Paris 1988

*Der Big Bang*

Bruce Lincoln, *Myth, Cosmos, and Society*, Cambridge, Mass., 1986
Edward Harrison, *Cosmology*, Cambridge, Mass., 1981
Hubert Reeves, *La Première Seconde*, Paris 1995

*Die Schwarzen Löcher*

Richard Matzner, Tsvi Piran, Tony Rothman, »Demythologizing the Black Hole«, in: *Analog Essays on Science*, 1990
Jean-Pierre Luminet, *Les Trous noirs*, Paris 1992

*Lorenz und der Schmetterlingseffekt*

»Des papillons en effet« (dossier), *Alliage*, Nr. 22, Frühjahr 1995
James Gleick, *Chaos – die Ordnung des Universums*, München 1990
Amy Dahan Dalmedico, Jean-Luc Chabert, Karine Chemla (Hg.), *Chaos et Déterminisme*, Paris 1992

*Im Namen der Wissenschaft*

Jerome R. Ravetz, *Die Krise der Wissenschaft: Probleme der industrialisierten Forschung*, Neuwied, Berlin 1973
Jean-Marc Lévy-Leblond, *L'Esprit de Sel*, Paris 1984
Dominique Janicaud (Hg.), *Les Pouvoirs de la science*, Paris 1987

*Das Schiff des Teufels*

Thomas Love Peacock, *Gryll Grange*, Oxford 1987